BACTÉRIOLOGIE

DES

EAUX MINÉRALES

DE

Vichy, St-Yorre, Hauterive et Cusset

CONSIDÉRATIONS SUR LEUR PURETÉ A LA SOURCE.
INFLUENCE DE LA TEMPÉRATURE
SUR LEUR CONSERVATION. — PRÉCAUTIONS
A PRENDRE POUR DIMINUER LEUR ALTÉRATION DANS LE VERRE
ET LES BOUTEILLES

PAR

TH. ROMAN

PHARMACIEN-MAJOR DE 1re CLASSE

A L'HOPITAL MILITAIRE THERMAL DE VICHY

CHEVALIER DE LA LÉGION D'HONNEUR

E. COLIN

PHARMACIEN-MAJOR DE 2me CLASSE

A L'HOPITAL MILITAIRE THERMAL

DE VICHY

PARIS

LIBRAIRIE J.-B. BAILLIÈRE ET FILS

Rue Hautefeuille, 19, près du boulevard Saint-Germain

—

1892

BACTÉRIOLOGIE

DES

EAUX MINÉRALES

DE

Vichy, St-Yorre, Hauterive et Cusset

CONSIDÉRATIONS SUR LEUR PURETÉ A LA SOURCE.
INFLUENCE DE LA TEMPÉRATURE
SUR LEUR CONSERVATION. — PRÉCAUTIONS
A PRENDRE POUR DIMINUER LEUR ALTÉRATION DANS LE VERRE
ET LES BOUTEILLES

PAR

TH. ROMAN

PHARMACIEN-MAJOR DE 1re CLASSE
A L'HOPITAL MILITAIRE THERMAL DE VICHY
CHEVALIER DE LA LÉGION D'HONNEUR

E. COLIN

PHARMACIEN-MAJOR DE 2me CLASSE
A L'HOPITAL MILITAIRE THERMAL
DE VICHY

PARIS

LIBRAIRIE J.-B. BAILLIÈRE ET FILS

Rue Hautefeuille, 19, près du boulevard Saint-Germain

—

1892

PRÉFACE

Le mémoire que nous publions aujourd'hui est l'esquisse d'un travail plus complet que notre désir est de poursuivre dans le détail des divisions que nous lui avons tracées.

La morphologie si complexe des micro-organismes rencontrés dans les Eaux minérales du bassin de Vichy, l'étude si délicate de leurs fonctions organiques et chimiques, l'action qu'exerce sur leur vitalité la présence de l'acide carbonique en excès, l'influence enfin de la température sur leur développement, constituent autant de problèmes dont la solution s'impose avec les progrès de la microbiologie.

Notre collaboration, limitée par la durée des saisons thermales, nous a permis d'entrevoir toute l'importance qui s'attache à ces différentes questions, mais ne nous a pas donné le temps de les étudier d'une façon satisfaisante pour ne plus être obligé d'y revenir.

Nous nous sommes bornés, cette année, à décrire l'emplacement et le mode de captage des Sources en signalant les défectuosités qu'ils présentent pour chacune d'elles, à relever le plus exactement possible la température des eaux à l'émergence, à pratiquer enfin, sur chaque source, de très nombreuses numérations qui nous ont permis de tirer certaines conclusions relatives à leur consommation sur place ou loin de Vichy.

Dans un chapitre réservé à l'embouteillage, nous avons, sans toutefois l'avoir résolu, abordé le difficile problème de la conservation des eaux minérales, et si nos essais ont été infructueux à ce sujet, nous avons pu formuler pour les manœuvres du remplissage quelques *desiderata*, dont nous souhaitons vivement qu'on tienne compte dans la pratique commerciale.

Notre savant collègue et ami, M. Mallat, Rédacteur en chef des *Annales de Médecine Thermale*, a bien voulu insérer, dans sa publication mensuelle, le résultat de nos travaux. Nous ne pouvons que lui exprimer, ici, toute notre reconnaissance pour l'importance qu'il a cru devoir leur attribuer.

TH. ROMAN. E. COLIN.

INTRODUCTION

Les Sources minérales naturelles de la Grande-Grille et de l'Hôpital, auxquelles Vichy doit son universelle réputation, présentent au point de vue chimique la plus grande analogie.

Leur réaction alcaline, la nature des sels entrant dans leur composition, leur thermalité surtout, constituent, *a priori*, un excellent milieu de culture pour les germes atmosphériques qui viennent s'y mêler, soit à leur point d'émergence, soit dans les tuyaux de conduite qui les amènent au lieu de l'embouteillage, soit enfin dans les diverses manipulations qu'elles subissent avant d'être livrées à la consommation.

Il nous a paru intéressant de rechercher l'influence que peuvent avoir sur leur richesse en bactéries, les différents modes de captage auxquelles elles sont soumises et d'étudier les altérations qui se produisent dans leur pureté, lorsqu'elles passent de la source dans le verre du buveur et du robinet d'embouteillage dans les récipients servant à leur expédition.

Les résultats obtenus pour la Grande-Grille et l'Hôpital nous ont engagés à étendre nos recherches aux eaux froides des Célestins, de Saint-Yorre, d'Hauterive et de Cusset ; aux eaux des puits du Parc et de Mesdames et à la plupart des Sources minérales exploitées par des particuliers.

Monsieur le Docteur Poncet, chirurgien en chef de l'Hôtel-Dieu de Vichy, nous avait précédés dans cette voie et son deuxième mémoire sur « les microbes de la Grande-Grille », publié le 20 Février 1891, renferme de très utiles enseignements sur le nombre et la nature des micro-organismes qu'il a rencontrés dans cette eau.

Ses études faites en hiver, c'est-à-dire à un moment où l'air est moins chargé de germes et où l'on n'a pas à craindre autour des Sources les poussières que soulève, pendant la durée des saisons thermales, le va et vient incessant des buveurs, l'ont conduit à des chiffres quelque peu différents des nôtres ; mais ces légers écarts de numération ne présentent, au point de vue pratique, qu'une importance relative, et ils ne sauraient infirmer ou même affaiblir les conclusions apportées à la fin de ce modeste travail.

Nous adressons ici à M. le Médecin Principal Lenoir, Médecin-Chef de l'Hôpital Militaire, l'expression de notre gratitude pour les encouragements qu'il n'a cessé de nous donner dans le cours de ces recherches. Nous remercions également, Monsieur le Directeur de la Compagnie fermière de l'État à Vichy, qui a bien voulu donner des ordres à son personnel pour nous permettre d'effectuer facilement nos puisements, et les propriétaires des Sources Larbaud-St-Yorre et Mallat de St-Yorre, qui ont mis à notre service tous les moyens dont ils disposaient, pour faire sur place des essais que le transport loin des Sources eût entachés d'erreur.

Vichy, le 15 Septembre 1891.

BACTÉRIOLOGIE DES EAUX MINÉRALES

DE

VICHY, SAINT-YORRE, HAUTERIVE ET CUSSET

TECHNIQUE GÉNÉRALE

Considérant qu'une méthode d'analyse, et surtout celle qui s'applique à des recherches bactériologiques, n'a de valeur qu'autant que les résultats en peuvent être sévèrement contrôlés et qu'il n'est pas de détails superflus dans la technique suivie pour les obtenir, nous croyons utile d'entrer dans quelques développements sur les instruments et ustensiles de verrerie que nous avons employés pour les puisements et les ensemencements, ainsi que sur la préparation du milieu de culture dont nous nous sommes servis dans nos expériences.

Toutes les eaux minérales de Vichy, de St-Yorre, d'Hauterive et de Cusset présentant une composition chimique analogue, et ne se distinguant les unes des autres que par leur degré de température au point d'émergence, l'emploi d'un milieu de culture invariable était naturellement indiqué.

Si nous ajoutons que les conditions de température et de milieu atmosphérique ont été les mêmes pour tous les ensemencements, il est permis de supposer que les résultats obtenus sont absolument comparables. Par suite, les conclusions qu'ils entraînent découlant simplement de leur observation, sont moins hypothétiques et moins sujettes à être discutées.

INSTRUMENTS DE VERRERIE: 1° *Pour les Puisements*: Au Robinet: Godets de Rietsch, lorsque l'ensemencement doit être fait sur place. Flacons d'Erlenmeyer, lorsque l'eau doit être transportée.

Au Griffon: Pipettes jaugées de 50 et de 100^{cc}.

L'eau est ensuite versée dans un des récipients précédents, suivant le cas.

2° *Pour la mesure de l'eau à ensemencer :* Pipettes graduées de 1 et 2^{cc} divisées en dixièmes, lorsqu'on opère sur des centimètres cubes ou des demi-centimètres cubes.

Compte-gouttes normaux, donnant très exactement 20 gouttes d'eau distillée au gramme, pour les ensemencements de une ou plusieurs gouttes.

3° *Pour les cultures et ensemencements :* Boîtes de Pétri, dans lesquelles se fait le mélange de l'eau et de la gélatine (1^{cc} d'eau pour 15^{cc} de gélatine).

Godets de Rietsch, destinés au même usage, mais employés pour les mélanges plus faibles (1 ou 2 gouttes d'eau et 8^{cc} de gélatine).

Plaques de Koch, auxquelles nous avons renoncé en raison de la supériorité des Boîtes et Godets.

Tubes à culture ordinaire.

Stérilisation. — Avant d'être utilisés, tous ces instruments sont enveloppés séparément dans du papier à filtrer ordinaire, puis portés au four à flamber de Pasteur où ils sont soumis pendant 25 à 30 minutes, à une température variant entre 140° et 150°. Après refroidissement, ils sont enfermés avec leur enveloppe dans une armoire à l'abri de la poussière.

Avant la stérilisation, on bouche les extrémités des pipettes et compte-gouttes avec de petits cylindres de ouate roulés entre les doigts.

Pour les flacons d'Erlenmeyer, on substitue au bouchon à l'émeri un tampon de coton et le remplacement définitif n'a lieu qu'au moment du remplissage et après flambage du goulot et du bouchon de verre.

Préparation du Bouillon de culture. — Tous les essais de culture en terrain solide ont été faits avec de la gélatine peptonisée préparée ainsi qu'il suit :

500 gr. de viande musculaire hachée, débarrassée de la graisse et des aponévroses ; 1 litre d'eau distillée.

Macération de 24 heures.

On passe sans expression à travers un linge mouillé et on complète le volume à 1 litre.

On ajoute alors au bouillon que l'on verse dans une capsule en porcelaine de 1 litre 500 à 2 litres de capacité :

100 grammes de gélatine

10 — de peptone sèche

5 — de sel marin

0,05 centigrammes de phosphate neutre de soude

On chauffe sur une toile métallique en remuant continuellement avec un agitateur ou une spatule en verre afin d'empêcher la caramélisation de la gélatine sur les parois et au fond de la capsule et on profite de l'agitation pour verser de la solution de soude caustique au 1/5 jusqu'à neutralisation, ou même légère alcalinité du mélange.

On laisse bouillir 5 minutes, puis on ajoute 2 blancs d'œufs, battus dans 50ᶜᶜ environ d'eau distillée afin de remplacer l'eau d'évaporation.

Après 5 minutes d'ébullition, on filtre à chaud dans un entonnoir à doubles parois et le liquide filtré reçu dans des matras de verre préalablement stérilisés, est réparti, pendant qu'il est encore liquide, dans les tubes de culture.

Ces tubes remplis au 1/3 environ de leur hauteur, sont alors placés dans l'autoclave de Chamberland et maintenus 15 minutes au moins à 125°.

Avec ce mode opératoire dont la durée totale, sauf la macération, n'excède pas 1 heure, nous avons toujours obtenu, après refroidissement, un bouillon solide parfaitement transparent et dont la conservation était illimitée.

PUISEMENT ET CULTURE

Les prises d'essai ont été adaptées au mode de captage des Sources.

Pour les vasques (Grande-Grille, Hôpital), le puisement a été fait au centre même de la vasque, en plein bouillon, à l'aide de pipettes jaugées de 50 ou de 100ᶜᶜ munies à leur extrémité supérieure d'une poire en caoutchouc ; le contenu est poussé dans un flacon d'Erlenmeyer stérilisé.

Pour les robinets, on recevait l'eau directement dans un flacon d'Erlenmeyer ou un godet de Rietsch, après avoir pris le soin de laisser couler ou de pomper l'eau de 10 à 15 minutes, suivant les facilités qui nous étaient données.

Ces prélèvements étaient apportés le plus vite possible au laboratoire de l'Hôpital Militaire ou avait lieu l'ensemencement.

Dans les essais pratiqués sur les eaux de St-Yorre et d'Hauterive, et à l'embouteillage sur les Sources de la Grande-Grille et de l'Hôpital, les ensemencements ont été faits sur place dans les boîtes de Pétri et le transport des godets a été opéré après complet refroidissement de la gélatine, en prenant toutes les précautions pour éviter le contact de l'air ou une élévation de température.

L'essai bactériologique des eaux à l'émergence (griffon, robinet), a toujours porté sur 1^{cc} d'eau ; celui des eaux embouteillées ou récoltées dans des flacons d'Erlenmeyer, et conservées pour étudier la progression des colonies, sur une goutte de l'eau naturelle ou diluée au 1/10 avec de l'eau stérilisée.

Pour chaque échantillon d'eau, il a été fait trois essais, et le chiffre des colonies qui lui est attribué par c.c. est, par ce fait, la moyenne de trois numérations.

Les godets, aussitôt après l'ensemencement, étaient placés dans des chambres humides formées d'une table de verre parfaitement horizontale, sur laquelle reposait une cloche à bords rodés dont les parois avaient été stérilisées avec une solution de bichlorure à 2 p. 1000. Ces chambres humides se trouvaient dans le laboratoire de l'Hôpital militaire dont la température était maintenue constante entre 20 et 22°.

NUMÉRATION

Toutes les fois qu'après 50 heures d'ensemencement, le développement des colonies était suffisant et que le microscope à un grossissement de 40 D ne laissait plus voir dans l'épaisseur de la gélatine de colonies en voie de formation ou assez petites pour ne pas être distinguées à l'œil nu, la numération en était faite après 50 heures. Dans le cas contraire, la boîte de Pétri était replacée, sans avoir été ouverte, sous la cloche humide et on attendait au troisième jour pour compter les colonies.

De nombreux examens nous ont montré, en effet, que le nombre des colonies à 50 heures restait le même à 60 et 70 heures, lorsqu'on prenait la précaution d'en faire l'inspection rapide, en évitant tout contact avec l'air.

Mais il est indispensable, si l'on veut se garder contre l'envahissement de la gélatine par les colonies liquéfiantes, de faire la numération aussi promptement que possible, mais pas toutefois avant 50 heures.

Il convient de noter qu'avant chaque opération de puisement ou d'ensemencement, et en général dans toutes les manipulations, les mains étaient lavées avec la solution de sublimé à 2 p. 1000 et séchées sans être essuyées.

MARCHE DES OPÉRATIONS

L'ordre que nous suivrons dans l'examen bactériologique des eaux minérales du bassin de Vichy est celui de la classification des Sources d'après la température qu'elles offrent à l'émergence.

Suivant leur degré thermométrique on les divise en trois classes :

1° **Sources chaudes de 30 à 45°**
- Grande-Grille.
- Hôpital.
- Puits Chomel.

2° **Sources tièdes de 20 à 30°**
- Lucas.
- Source du Parc.
- Lardy.
- Prunelle.

3° **Sources froides de 12 à 20°**
- Anciens Célestins.
- Nouveaux Célestins.
- Puits Dubois.
- Saint-Yorre.
- Hauterive.
- Mesdames.
- Cusset (Ste-Marie, Elisabeth)

Nous terminerons par des numérations de l'eau de l'Allier qui accidentellement, ou même, paraît-il, normalement, vient par ses infiltrations, souiller l'eau de certaines Sources minérales avoisinant son lit.

SOURCES CHAUDES

GRANDE-GRILLE

La Grande-Grille, la plus anciennement connue et la plus réputée des Sources minérales de Vichy, jaillit à l'extrémité orientale de la galerie qui limite au nord l'établissement thermal.

Le 26 juillet 1891, à 11 heures 20 minutes du matin (heure de Paris), l'eau de cette source marquait exactement dans la vasque 41° 8, au thermomètre recuit de Baudin, la température de l'air extérieur étant de 20° 7 et la hauteur barométrique réduite à 0°, de 741,5.

La Grande-Grille dont le jet devint intermittent lors du tremblement de terre de Lisbonne a, paraît-il, subi une dépression de niveau de 0m80 à la suite de travaux opérés dans les sous-sols de l'Etablissement à l'époque du second empire. Sa cheminée naturelle est à 3m40 de profondeur et un tube en cuivre rouge étamé, solidement établi sur cette cheminée au moyen d'une cloche de captage, relie la Source à une vasque de 1 mètre de diamètre. Celle-ci, dont le niveau n'est supérieur que de 0m15 à celui du sol de la galerie, est placée au centre d'une fosse circulaire de 11m20 de circonférence. Un trop-plein annulaire de 0m20 de largeur et dont le rebord est sensiblement à la hauteur de celui de la vasque, reçoit l'eau qui s'en écoule.

C'est dans le trop-plein que la donneuse d'eau lave le verre, mais avant de le remplir, elle le rince à l'eau de la vasque. Le puisement se fait autant que possible au centre du bouillonnement de la source, point où l'eau est la plus pure.

L'eau servant à l'embouteillage est amenée du griffon par une conduite de fonte de 50 à 60 mètres de longueur dans les bâtiments d'exploitation placés derrière l'Etablissement des bains. Le remplissage se fait à un robinet que l'on engage dans le goulot de la bouteille. Une fois remplie, elle reçoit un mandrin de bois destiné à ménager la chambre d'air du bouchon, puis elle passe sous la machine à boucher. Le capsulage et l'étiquetage complètent l'opération de l'embouteillage.

C'est à la halle d'expédition, reliée à la gare de Vichy par un embranchement spécial, que se font le triage, le lavage et le rinçage des bouteilles.

Le lavage s'opère à l'eau ordinaire ; les bouteilles séchées sont alors disposées, le goulot en l'air et non bouchées, dans des cadres de bois à dix compartiments et chargées sur des camions bâchés qui les amènent au lieu de l'embouteillage.

Ce court exposé des manipulations que subit l'eau de la Grande-Grille, avant d'être consommée sur place ou loin de la Source, était indispensable pour expliquer l'ordre et le but des numérations qui vont suivre.

Dès à présent, on peut prévoir ses contaminations successives : 1º dans la vasque, par l'air et les poussières de la galerie ; 2º dans le verre, par l'eau du trop-plein servant à son lavage ; 3º au robinet d'embouteillage par l'état et la longueur des tuyaux ; 4º dans les bouteilles, par les poussières qui pénètrent dans leur intérieur ou par l'eau ordinaire employée à leur nettoyage.

NUMÉRATIONS FAITES DANS L'EAU DE LA GRANDE-GRILLE. — 1º *A la vasque.* — Prélèvement fait le 11 juillet, à 11 heures du matin.

L'eau prise au centre même du bouillon à l'aide d'une pipette stérilisée de 100ᶜᶜ de capacité et munie à son extrémité supérieure d'une poire en caoutchouc, a été refoulée dans un flacon d'Erlenmeyer stérilisé. L'ensemencement a eu lieu moins de dix minutes après.

Trois boîtes de Pétri ont reçu chacune 1ᶜᶜ d'eau et 15ᶜᶜ environ de gélatine peptonisée.

Après 50 heures, le nombre de colonies développées était de :

9 dans la 1ʳᵉ boîte
8 dans la 2ᵉ —
7 dans la 3ᵉ —

Soit au total, 24, ou 8 en moyenne par C. C.

2º *Au verre.* — Prélèvement fait le même jour, à la même heure, avec les mêmes précautions, au centre du verre banal tel qu'il est présenté au buveur.

Trois boîtes de Pétri ont reçu chacune 1ᶜᶜ d'eau et 15ᶜᶜ de gélatine peptonisée.

Après 50 heures, le nombre de colonies développées était de :

13 dans la 1ʳᵉ boîte
11 dans la 2ᵉ —
9 dans la 3ᵉ —

Soit, au total, 33, ou 11 en moyenne par C. C.

Une autre expérience faite le 11 juin, à 7 heures du matin, sur l'eau du verre, avait fourni une moyenne de 44 colonies par centimètre cube, mais, dans le prélèvement, nous avions, à dessein, cherché à réunir les conditions les plus défavorables : le verre présenté par la donneuse avait été déposé sur la tablette ; puis, au lieu d'aspirer l'eau avec une pipette, comme dans l'essai précédent, nous l'avions versée directement dans un godet de Rietsch stérilisé, de telle sorte que le liquide en s'écoulant, avait léché la paroi extérieure du verre.

3° *Au trop-plein.* — Prélèvement fait le 20 Juillet, à 11 heures du matin à l'aide d'une pipette de 100^{cc}. L'eau aspirée un peu partout dans le trop-plein a été refoulée dans un flacon d'Erlenmeyer stérilisé. Ensemencement immédiat.

Trois boîtes de Pétri ont reçu chacune 4 gouttes d'eau et 11^{cc} de gélatine peptonisée.

Après 50 heures, le nombre de colonies développées était de :

> 80 dans la 1re boîte
> 76 id. 2e id.
> 70 id. 3e id.

Soit, au total, $\overline{226}$, ou 75 en moyenne pour 4 gouttes, c'est-à-dire 375 par C. C.

Nous ferons observer qu'à l'heure de la prise d'essai il n'y avait pas de buveurs et que le trop-plein offrait, par conséquent, son maximum de pureté.

4° *Au robinet d'embouteillage.* — Prélèvement fait le 4 Juillet 1891, à 3 heures de l'après-midi dans un godet de Rietsch stérilisé. Le robinet d'embouteillage fonctionnait depuis le matin sans interruption ; on avait rempli ce jour-là plusieurs milliers de bouteilles. La température de l'eau était de 37°5, la température extérieure de 20°5.

L'ensemencement a été fait sur place. Trois boîtes de Pétri ont reçu chacune 1^{cc} d'eau et 15^{cc} de gélatine peptonisée.

Après refroidissement complet de la gélatine, les boîtes enveloppées de papier filtré stérilisé ont été rapportées au laboratoire de l'hôpital.

Après 50 heures, le nombre de colonies développées était de :

> 39 colonies dans la 1re boîte
> 35 id. id. 2e —
> 31 id. id. 3e —

Soit, au total, $\overline{105}$ ou 35 colonies en moyenne par C. C.

5° *Dans les bouteilles*. — Le 4 Juillet nous avons fait remplir devant nous 5 bouteilles vides prises dans les cadres placés sous le hangar d'embouteillage de la Compagnie.

Rien n'a été changé au mode de remplissage habituel. Les bouteilles sont placées sous le robinet d'embouteillage, l'extrémité dans le goulot. Après remplissage, on enfonce dans la bouteille un mandrin de bois destiné à ménager la chambre d'air du bouchon ; la bouteille enfin passe sous la machine à boucher. Les bouchons qui ont servi sont ceux de la Compagnie fermière tels qu'ils sont préparés avant leur emploi.

A. *Expérience faite sur l'eau embouteillée depuis 48 heures*. — Le prélèvement a été opéré dans une des 5 bouteilles apportées le 4 Juillet.

Avant d'enlever le bouchon, la bouteille a été retournée plusieurs fois afin de rendre le liquide homogène.

Trois godets de Rietsch ont reçu chacun 1 goutte d'eau aspirée avec un compte-goutte normal stérilisé et 8^{cc} de gélatine peptonisée. Après 24 heures seulement d'ensemencement, la gélatine était tellement criblée de colonies que toute numération a été jugée impossible.

Un chiffre approximatif nous étant absolument nécessaire pour observer le développement si rapide des germes et leur progression, nous avons essayé une numération dans les conditions suivantes :

La surface inférieure du godet a été divisée en 560 petits carrés à l'aide de lignes tirées à l'encre noire. La surface de ces carrés était telle qu'au grossissement de 60 D, on pouvait assez facilement compter les colonies situées sur deux plans, l'un à la surface, l'autre à l'intérieur de la gélatine.

Une série de numérations faites dans différents petits carrés nous a donné le chiffre moyen de 60 colonies par carré, soit :

$$60 \times 560 = 33,600 \text{ colonies par goutte,}$$

c'est-à-dire 572,000 par centimètre cube.

B. *Expérience faite sur l'eau embouteillée depuis 4 jours*. — Afin de rendre la numération possible, nous avons dilué 2^{cc} d'eau minérale dans 18^{cc} d'eau stérilisée.

L'eau minérale a été prise au centre d'une des bouteilles prélevées le 4 Juillet. Le mélange avec l'eau stérilisée a été fait dans un flacon d'Erlenmeyer stérilisé.

Trois boîtes de Pétri ont reçu chacune 1 goutte d'eau diluée au 1/10 et 15^{cc} de gélatine peptonisée.

Moins de 40 heures après l'ensemencement, le nombre de colonies visibles à l'œil nu était de :

650 dans la 1re boîte

550 dans la 2e —

520 dans la 3e —

Soit au total 1,720, ou 573 en moyenne pour 1/10 de goutte ou 114,600 par centimètre cube.

Il est à remarquer que l'eau ensemencée reposait depuis quatre jours et que le prélèvement a été opéré en prenant toutes les précautions pour ne pas remuer la bouteille, comme dans l'expérience A. Cela seul pourrait expliquer l'infériorité numérique des colonies obtenues dans ce dernier essai.

Nous n'avons pas cru devoir pousser plus loin ces numérations et déterminer, comme nous nous l'étions proposé d'abord, le chiffre de colonies au huitième et quinzième jour.

Les essais A et B prouvent surabondamment la progression croissante et rapide des colonies dans l'eau embouteillée.

INTERPRÉTATION DES RÉSULTATS

En résumé, les essais pratiqués sur l'eau de la Grande-Grille ont donné :

1º A la vasque............. 8 colonies par c.c.

2º Au verre.............. 11 id. id.

3º Au trop-plein.......... 375 id. id.

4º Au robinet d'embouteillage 35 id. id.

5º Dans les bouteilles, un chiffre supérieur à 100.000.

Vasque. — Si nous admettons avec Pasteur et Joubert que l'eau de source prise à sa nappe naturelle et n'ayant pas encore subi le contact de l'atmosphère est stérile, il faut supposer que l'ensemencement de l'eau de la Grande-Grille se fait d'une façon régulière, par l'air qui vient y déposer ses germes.

Une autre cause de souillure, et peut-être la plus sérieuse, est celle de l'introduction dans la vasque du verre lavé dans l'eau du trop-plein riche en bactéries, et rincé d'une façon insuffisante avec l'eau du griffon.

Verre. — L'impureté de l'eau du verre s'explique aisément par le fait de son exposition constante aux poussières que soulèvent dans la galerie le balayage quotidien et la marche continue des buveurs. Les germes qui se déposent alors sur ses parois humides, ont tout le temps nécessaire de se développer pendant les heures qui séparent la distribution du soir de celle du matin.

Encore le verre banal, toujours en service, doit-il en contenir moins que le verre particulier dont l'emploi est limité au gré du buveur. Quelle doit être alors la quantité de germes qui peuvent s'y accrocher et y proliférer ? Combien serait intéressante leur numération alors que des dépôts ont eu le temps de se former, constituant par leur adhérence une couche assez résistante pour rendre désormais tout lavage illusoire ? Quelle protection enfin cet enduit perméable ne doit-il pas offrir aux nombreux microorganismes qui viennent s'y abriter ?

Trop-plein. — L'eau n'atteignant jamais les bords du trop-plein, les poussières s'attachent sans difficulté à leur surface et trouvent ensuite dans la tranquillité du courant les meilleures conditions de développement.

Robinet d'embouteillage. — La supériorité numérique des colonies constatées dans l'eau du robinet d'embouteillage provient, sans aucun doute, de l'ensemencement des tuyaux par les germes de la vasque qui ont cheminé lentement jusqu'à la prise faite sur la colonne ascensionnelle de la Source. Nous aurons d'ailleurs l'occasion de vérifier que la progression des colonies est, dans certains cas, que nous déterminerons, fonction de la longueur des tuyaux.

Eau des Bouteilles. — La prolifération abondante des colonies dans l'eau embouteillée peut se rapporter à 4 causes principales :

1º Le lavage des récipients à l'eau ordinaire;

2º Le transport des bouteilles vides et insuffisamment garanties contre les poussières de la route suivie pour aller de la halle d'expédition aux bâtiments d'exploitation;

3º Leur entrepôt sous un hangar insuffisamment clos et largement ouvert aux vents d'ouest pendant les opérations du remplissage;

4º Les manipulations de bouchage faites avec des objets naturellement contaminés, mandrins de bois, bouchons, etc.

Les numérations obtenues avec les eaux embouteillées depuis 48 heures seulement, permettent de juger par la progression rapide des micro-organismes de l'excellence du milieu de culture qu'offrent les eaux minérales de Vichy aux germes qui viennent les souiller.

Cette prolifération abondante qui, théoriquement, devrait diminuer par suite de l'auto-infection des micro-organismes, paraît se maintenir, même après un temps très long d'embouteillage. L'examen d'eaux embouteillées depuis 3 à 4 ans, nous montrera, en effet, que le nombre des germes est toujours considérable Les bouteilles qui ont servi à nos expériences étaient pourtant parfaitement · bouchées, la capsule bien adhérente au goulot, le bouchon ne présentait rien d'anormal qu'une coloration noire due sans doute au tannate de fer, ou aux émanations sulfureuses que présentent toujours les eaux de Vichy à l'émergence. L'eau, enfin, était limpide et n'avait pas le goût de moisi.

Quel est donc l'agent mystérieux de la vitalité incessante de ces micro-organismes? Aux dépens de quelle matière, minérale ou organique, arrivent-ils ainsi à s'entretenir? Quelle modification leur présence doit-elle introduire à la longue dans la composition des eaux minérales? Autant de problèmes que la bactériologie résoudra sans doute un jour et que la pratique médicale a depuis longtemps posés.

Nous verrons à la fin de ce travail si la stérilisation des bouteilles est réellement efficace ; si le développement des micro-organismes existant déjà dans l'eau de la vasque ou du robinet d'embouteillage n'arrivent pas à progresser dans leur milieu naturel sans l'intervention du récipient; si, enfin, l'opinion formulée par M. le Dr Poncet « la cause de l'impureté de l'eau en bouteilles est l'état microbien du récipient » est justifiée par l'expérience.

HOPITAL

La Source de l'Hôpital, appelée successivement Gros-Boulet, puis Source Rosalie, est située en face de l'ancien Hôpital civil, au centre d'un massif de verdure qui l'isole complètement des bâtiments en bordure de la place Rosalie.

Le 26 juillet 1891, à 11 heures 45 du matin, la température de l'eau de l'Hôpital, prise en plein bouillon, était exactement de 33°6, la température de l'air étant de 23°3, et la hauteur barométrique réduite à 0° de 741,5.

La Source jaillit dans une large vasque de 2 mètres de diamètre, abritée sous un kiosque élégant dont la toiture se prolonge au-dessus du promenoir qui l'entoure.

La vasque est à 1m25 au-dessus du niveau de la galerie-promenoir, à laquelle on accède par trois grandes portes et deux petites ménagées dans la grille, circonscrivant le jardin de la Source.

L'eau captée dans un puits carré de 2 mètres de profondeur taillé dans la roche d'où elle jaillit naturellement, vient bouillonner au centre de la vasque et se déverse ensuite dans un trop-plein annulaire de 0m35 de largeur, dont le niveau est inférieur de 0,06 à celui de la vasque.

Une rampe circulaire, en pierre de taille, dé 18 mètres de circonférence, garnie d'une tablette sur laquelle les verres sont déposés, entoure le point d'émergence de la Source.

Comme à la Grande-Grille, le lavage du verre se fait à l'eau du trop-plein et le rinçage à celle de la vasque ; mais la puisée, étant donné la surface énorme du réservoir, ne s'opère que difficilement au centre du bouillon.

Les bords de la vasque sont recouverts d'une couche épaisse de sulfuraires (Beggiatoa), dont la belle coloration vert bleuâtre est composée de chlorophylle et d'une matière bleue indéterminée.

L'eau servant à l'embouteillage est amenée du griffon par une conduite en fonte de 500 à 550 mètres sous le hangar des bâtiments d'exploitation où aboutit déjà la canalisation de la Grande-Grille.

Tout ce qui a été dit précédemment au sujet du lavage, du transport des bouteilles et de leur remplissage au robinet de la Grande-Grille s'applique à l'eau de l'Hôpital. Ce sont les mêmes bouteilles qui servent aux deux sources et le même personnel est chargé de l'embouteillage.

NUMÉRATIONS FAITES DANS L'EAU DE L'HÔPITAL

1º *A la vasque.* — Le prélèvement a été opéré le 11 juillet, à 11 h. 30 du matin, au centre même du bouillon, à l'aide d'une pipette de 100cc munie d'une poire en caoutchouc. L'eau refoulée dans un flacon d'Erlenmeyer stérilisé a été rapportée moins de 10 minutes après au laboratoire, où a eu lieu l'ensemencement.

3 boîtes de Pétri ont reçu chacune 1cc d'eau et 15cc de gélatine peptonisée.

Le nombre de colonies développées après 50 heures était de :

19 dans la 1re boîte,

18 dans la 2e —

17 dans la 3e —

Soit $\overline{54}$ au total, ou 18 en moyenne par c. c.

2° *Au verre.* — Prélèvement fait le même jour, dans les mêmes conditions, au centre du verre banal, tel qu'il est présenté au buveur.

3 boîtes de Pétri ont reçu chacune 1cc d'eau et 15cc de gélatine peptonisée.

Le nombre des colonies développées après 50 heures a été de :

29 dans la 1re boîte,

28 dans la 2e —

27 dans la 3e —

Soit $\overline{84}$ au total, ou 28 en moyenne par c. c.

3° *Au trop plein.* — Prélèvement fait le même jour, à l'aide d'une pipette de 100cc, dont on a promené la pointe en différents endroits.

3 godets de Rietsch ont reçu chacun 4 gouttes d'eau et 8cc de gélatine peptonisée.

Le nombre des colonies développées après 50 heures était de :

45 dans le 1er godet,

44 dans le 2e —

40 dans le 3e —

Soit au total, $\overline{129}$ ou 43 en moyenne pour 4 gouttes, c'est-à-dire 215 par c. c.

4° *Au robinet d'embouteillage.* — Prélèvement fait le 4 juillet 1891 à 3 h. de l'après-midi, dans un godet de Rietsch stérilisé.

Température de l'eau 23°.

Température de l'air 20°,5.

L'ensemencement a était fait sur place.

Trois boîtes de Pétri ont reçu chacune 1cc d'eau et 15cc de gélatine peptonisée.

Le transport des boîtes au laboratoire de l'hôpital n'a été effectué qu'après refroidissement complet de la gélatine, et en évitant, autant que possible, les poussières et une élévation de température.

Après 50 heures, le nombre de colonies développées était de :

72   dans la 1re boîte,

69   —   2e   —

66   —   3e   —

Soit au total, $\overline{207}$ ou 69 par c. c.

5° *Dans les bouteilles.* — Le remplissage de 5 bouteilles appartenant à la Compagnie Fermière, a été opéré devant nous, le 4 juillet à 3 heures du soir, par un des hommes chargés de ce service spécial.

Aussitôt après le bouchage, les bouteilles ont été apportées au laboratoire de l'hôpital pour servir à l'étude de la progression des germes.

A. *Expérience sur l'eau des bouteilles après 48 heures de remplissage.* — Prélèvement le 6 juillet à trois heures du soir, au centre de l'une des bouteilles précédentes.

Trois boîtes de Pétri ont reçu chacune 1 goutte d'eau et 15^{cc} de gélatine peptonisée. Après 36 heures d'ensemencement, le nombre des colonies développées était tel que nous avons dû, pour les numérer approximativement, recourir au procédé arbitraire employé dans l'expérience similaire faite sur l'eau de la Grande-Grille.

560 petits carrés examinés au microscope à un grossissement de 40 D, nous ont donné, pour 10 d'entre eux, un chiffre moyen de 62 colonies par carré, soit 34.720 par goutte, c'est à dire 694.400 par c. c.

B. *Expérience faite sur l'eau des bouteilles après 4 jours de remplissage.* — Afin de rendre la numération des colonies plus facile, on a mélangé dans un flacon d'Erlenmeyer 2^{cc} d'eau prélevés au centre de la deuxième bouteille, avec 18^{cc} d'eau stérilisée.

Trois godets de Rietsch ont reçu chacun 1 goutte d'eau minérale diluée au 1/10 et 8^{cc} de gélatine peptonisée.

Moins de 48 heures après l'ensemencement, le nombre des colonies développées s'élevait à :

900   dans le 1er godet.

850   —   2e   —

800   —   3e   —

Soit au total,   2.550   ou 850 en moyenne pour 1/10 de goutte, c'est à dire 170.000 par c. c.

L'infériorité numérique des colonies obtenues dans ce dernier essai tient probablement à ce que le prélèvement a été fait dans la bouteille bien reposée et qu'on avait pris soin de ne pas remuer avant l'aspiration de l'eau minérale.

Comme pour la Grande-Grille, nous avons borné notre étude de l'eau dans les bouteilles au quatrième jour de remplissage, le chiffre des colonies étant trop élevé pour en étudier facilement la progression croissante ou décroissante.

Les essais pratiqués sur la Grande-Grille ont permis d'entrevoir les causes de l'impureté de l'eau dans la vasque, le verre et les bouteilles. Les expériences analogues faites sur l'eau de l'Hôpital leur servent de contrôle, car on retrouve, toutes proportions gardées, la même progression de germes dans l'eau du verre et des bouteilles.

INFLUENCE DE LA VASQUE SUR LA PURETÉ DE L'EAU A LA SOURCE. — La comparaison des numérations faites à la vasque et au robinet d'embouteillage de la Grande-Grille et de l'Hôpital, va nous fournir les éléments propres à déterminer l'influence que peuvent avoir sur leur richesse microbienne le diamètre de la vasque où elles jaillissent et la longueur des tuyaux qui les amènent de la source au lieu de l'embouteillage.

Si l'on considère en effet le nombre des colonies trouvées dans les vasques de nos deux grandes sources thermales, on voit que l'eau de l'Hôpital renferme environ deux fois plus de germes que celle de la Grande-Grille.

Comment expliquer cette majoration des colonies dans une eau dont la source, captée à une faible profondeur, jaillit au milieu d'une large place où elle est garantie des poussières que le vent soulève par un épais rideau de verdure.

N'est-on pas forcé d'admettre l'hypothèse, confirmée du reste par l'expérience, que la surface d'absorption est seule en cause dans cette augmentation ?

La vasque de l'Hôpital a, en effet, un diamètre double de celle de la Grande-Grille et la première renferme deux fois plus de germes que la seconde. Il est certain que si l'Hôpital était dans les conditions défectueuses de la Grande-Grille, le rapport numérique de leurs germes ne serait plus proportionnel aux diamètres des vasques, mais bien à leurs surfaces, c'est-à-dire quatre fois plus grand.

INFLUENCE DE LA CANALISATION SUR LA PURETÉ DE L'EAU A L'EMBOUTEILLAGE. — L'influence de la longueur des tuyaux qui, a priori, devait grossir le nombre des germes contenus au point d'émergence de la source est vérifiée par l'examen de l'eau prise au robinet d'embouteillage de l'Hôpital.

Tandis que la Grande-Grille, dont la canalisation n'est que de 50 mètres, donne au robinet d'embouteillage 35 colonies, c'est-à-dire 27 de plus qu'à la vasque, l'Hôpital avec sa canalisation onze fois plus grande (550 mètres), donne, au robinet d'embouteillage 69 colonies, soit 51 de plus qu'à son griffon.

Ceci montre que le nombre des colonies augmente avec la longueur des tuyaux, mais est loin de lui être proportionnel.

L'étude de l'eau canalisée de Mesdames nous donnera les moyens de définir la cause principale de l'impureté de l'eau dans les tuyaux de conduite.

PUITS CHOMEL

Placée à l'extrémité gauche de la galerie-promenoir de l'Etablissement thermal et à sa jonction avec la galerie des sources, la buvette du Puits Chomel est alimentée par une petite pompe allant puiser l'eau dans le Puits Carré.

L'ancienne source Chomel qui a disparu depuis 1844, n'était du reste qu'une dérivation du Puits Carré, et c'est en réalité ce dernier nom que la Buvette devrait porter.

Le 26 juillet 1891, à 11 heures 25 du matin, la température de l'eau prise au robinet de la buvette était exactement de 43°8, la température de l'air étant de 20°7 et la hauteur barométrique réduite à 0°, de 741.5.

Essai de l'eau au robinet de la buvette. — Prélèvement opéré le 9 juillet, à 7 heures du matin, dans un flacon d'Erlenmeyer stérilisé. L'ensemencement a eu lieu cinq minutes après.

Trois boîtes de Pétri ont reçu chacune 1 cc d'eau et 15 cc de gélatine peptonisée.

Après 50 heures, le nombre de colonies développées était de

$$
\begin{array}{ll}
27 & \text{dans la 1re boîte;} \\
26 & - \quad 2e \quad - \\
25 & - \quad 3e \quad - \\
\end{array}
$$

Soit, au total, 78 colonies où 26 en moyenne par c. c.

CONSIDÉRATIONS PRATIQUES SUR LES SOURCES THERMALES DE VICHY

La Grande-Grille, malgré sa situation actuelle qui est des plus défectueuses, offre une pureté relativement très grande. Son isolement de l'Etablissement thermal, s'il n'augmentait encore sa pureté, aurait au moins pour effet de la rendre plus abordable, car pendant les saisons et aux heures où se fait la distribution d'eau minérale, il devient très difficile de s'en approcher.

Mais avant de songer à l'exécution de travaux si délicats, il serait bon d'appliquer certaines mesures ayant pour but de diminuer l'impureté de l'eau à la source. Les causes de souillure, pour être banales, n'en sont pas moins importantes à considérer.

En effet, la position de la Grande-Grille, en contre-bas du sol de la galerie des sources, fait de sa vasque un réceptacle ouvert à toutes les poussières soulevées par le balayage et les pieds des buveurs.

Ne pourrait-on remplacer le grillage inférieur de la cage qui l'entoure par un tambour de la hauteur de la tablette dont l'effet serait d'empêcher les poussières cheminant à la surface du sol de la galerie de pénétrer dans la fosse circulaire où la vasque est placée ?

Le balayage à la sciure ne pourrait-il être remplacé par un lavage à l'eau du dallage des galeries promenoirs ?

La vasque enfin ne peut-elle être réduite, de manière à offrir aux germes de l'air une surface d'absorption moins considérable ? Ce sont là des desiderata auxquels il est facile de satisfaire et qui rendraient la source plus pure encore qu'elle ne l'est actuellement.

L'Hôpital est admirablement située et la seule cause d'impureté de la source réside, suivant nous, dans la surface énorme de la vasque. Ce vice de construction s'oppose d'abord à ce que la donneuse d'eau remplisse son verre au centre du réservoir, et il favorise ensuite l'introduction des germes par l'air et les poussières.

Le Puits Chomel est peu fréquenté. L'eau de cette source n'est guère utilisée, du reste, que comme gargarisme et pour le service des bains. Son impureté relative au robinet de la buvette tient au système d'aspiration sur les inconvénients duquel nous reviendrons en étudiant les sources tièdes et froides qui offrent de nombreux exemples de puits à pompes.

SOURCES TIÈDES

PUITS LUCAS

Cette Source appelée autrefois Petit Boulet, Fontaine Gargniès, et plus récemment, Fontaine des Galeux, de Jouvence, est située place Lucas, en face la porte d'entrée de l'Hôpital Militaire.

Sa cheminée ascensionnelle communique par une galerie de 6m40 de longueur avec un puits de 12 mètres environ de profondeur dans lequel est captée l'eau de l'ancienne Source des Acacias dont le griffon se déplaça de plusieurs mètres au commencement de ce siècle.

Le haut du puits forme une vaste cave sur laquelle est établi un kiosque vitré constituant la buvette du puits Lucas.

Une pompe va puiser l'eau au niveau du déversoir à 3m60 au-dessous du sol et l'écoulement se fait par un seul robinet.

Le 29 juillet 1891, à 10 heures 20' du matin, la température de l'eau du Puits Lucas, après 15 minutes de fonctionnement de la pompe, était exactement de 28°3 la température de l'air étant de 19°5 et la hauteur barométrique réduite à 0°, de 737.

C'est le puits Lucas qui, concurremment avec le puits Carré, fournit à l'Hôpital Militaire l'eau nécessaire à ses bains.

Essai de l'eau prise au robinet de la buvette. — Prélèvement fait le 23 juin à 11 heures du matin, dans un flacon d'Erlenmeyer stérilisé et ensemencement immédiat.

Trois boîtes de Pétri ont reçu chacune 1cc d'eau et 15cc de gélatine peptonisée.

Après 60 heures, le nombre de colonies développées était de :

$$
\begin{array}{rcl}
65 & \text{dans la 1}^{\text{re}} & \text{boîte} \\
62 & - \quad 2^{\text{e}} & - \\
56 & - \quad 3^{\text{e}} & - \\
\hline
183 &
\end{array}
$$

Soit au total 183 ou 61 colonies en moyenne par c. c.

La donneuse d'eau lavant les verres à l'eau minérale, nous n'avons pas cru devoir faire l'essai bactériologique de l'eau du verre.

SOURCE DU PARC

Cette Source, reliée par une traînasse horizontale de 20m à l'ancien puits Brosson, est située dans l'ancien parc à 200 mètres environ du puits Carré (Puits Chomel).

Son jaillissement a commencé le 5 janvier 1844 à la suite d'un forage pratiqué à 48 mètres de profondeur. Ce puits, n'étant tubé que sur 24 mètres de longueur, présente au dessous de ce point de nombreuses lanternes étagées en chapelet dont l'influence est considérable sur la température et la qualité de l'eau.

Une pompe amène l'eau minérale dans un réservoir métallique de forme sphérique auquel est fixé un tuyau terminé par un robinet. Par ce dispositif on évite les intermittences avec arrêt qui se produiraient naturellement dans le jet.

Les travaux d'installation de la Source du Parc ont eu pour conséquence d'abaisser au-dessous du sol le jaillissement de la source du Puits Carré avec laquelle elle est en communication de pression gazeuse. Le forage de la Source du Parc a, en effet, ouvert une soupape à l'acide carbonique dont la pression cessant de s'exercer avec la même intensité à la surface de la nappe naturelle de l'eau du Puits Carré a produit l'abaissement de son niveau.

Le 27 juillet 1891, à 11 heures 40 du matin, la température de l'eau du Puits du Parc, prise au robinet de la buvette, et après 15 minutes de fonctionnement de la pompe, était exactement de 20°1, la température de l'air étant de 22°5 et la hauteur barométrique réduite à 0°, de 736,4.

Numérations faites dans l'eau prise au robinet de la buvette.
— **Deux** essais ont été opérés : le 1er avec l'eau à la température de 15°4 à laquelle la donneuse la distribue en temps habituel; le deuxième avec l'eau à la température de sa nappe naturelle que l'on n'obtient qu'après avoir pompé 15 minutes au moins.

Premier essai. — Prélèvement fait le 20 juillet, à 11 heures 30 du matin. Température de l'eau : 15°4. L'eau prélevée au robinet, dans un flacon d'Erlenmeyer stérilisé, a été ensemencée cinq minutes après.

Trois boites de Pétri ont reçu chacune 1cc d'eau et 15cc de gélatine peptonisée.

Après 50 heures, le nombre des colonies développées était de :

472   dans la 1re boîte

470   —   2e   —

468   —   3e   —

Soit au total 1.$\overline{410}$ ou 470 en moyenne par c. c.

Le dixième de ces colonies étaient liquéfiantes.

Deuxième essai. — Prélèvement fait le 27 juillet à 11 heures du matin dans un flacon d'Erlenmeyer stérilisé et ensemencement immédiat. Température de l'eau : 20°1.

Dans cette expérience, la prise d'essai fut faite comme précédemment, mais après 15 minutes de fonctionnement de la pompe lorsque la température de l'eau montant graduellement depuis 15° s'arrêta invariable à 20°1.

Trois boîtes de Pétri ont reçu chacuné 1^{cc} d'eau et 15^{cc} de gélatine peptonisée.

Le nombre de colonies développées après 60 heures était de :

$$
\begin{array}{lll}
502 & \text{dans la } 1^{re} \text{ boîte} \\
491 & - \quad 2^e \; - \\
483 & - \quad 3^e \; - \\
\hline
\end{array}
$$

Soit au total 1.476 ou 492 en moyenne par c. c.

Le dixième de ces colonies étaient liquéfiantes.

On voit que, malgré la différence de température de l'eau ayant servi aux deux essais précédents, le nombre de colonies n'a pas varié sensiblement.

Les colonies liquéfiantes, que l'on n'observe que très rarement dans les eaux pures, sont un indice certain de la contamination de la source du Parc par l'eau de l'Allier où elles abondent.

SOURCE LARDY

Elle est située rue de Nîmes prolongée, dans la propriété Lardy et à environ 200 mètres au nord-est des Anciens Célestins. Son puits foré à 148 mètres de profondeur est constitué par un tubage dont le diamètre va en diminuant progressivement de 10 à 3 centimètres. Ce tube est lui-même libre à l'intérieur d'une colonne de retenue en tôle et le vide annulaire est fermé à son sommet par un tampon étanche.

Le jaillissement intermittent de la source a été rendu continu, c'est-à-dire intermittent sans arrêts d'écoulement, à l'aide d'un régulateur formé d'une bague de 8^{mm} de diamètre et de 0^{m}02 de hauteur placée à l'orifice du tube ascensionnel.

Anciennement l'eau jaillissait dans une vasque, mais aujourd'hui ce réservoir est absolument décoratif et l'eau minérale sort par deux robinets installés sous la vasque aux deux extrémités d'un même diamètre perpendiculaire à l'axe du tube d'ascension.

Deux autres robinets, symétriquement placés par rapport aux premiers, donnent de l'eau douce servant au lavage des verres.

Le 1ᵉʳ Août 1891, à 10 heures 30 du matin, la température de l'eau prise aux robinets de la buvette était exactement de 24°2, la température de l'air étant de 16°2 et la hauteur barométrique réduite à 0°, de 741.5.

La source est abritée sous un kiosque rustique entouré d'une tablette recouverte de molleton sur laquelle les verres sont égouttés.

L'embouteillage s'opère sous un hangar, à quelques mètres seulement de la buvette, mais à cause du faible débit de la source la conduite d'eau minérale aboutit à un réservoir clos dans lequel l'eau est emmagasinée pour servir au remplissage des bouteilles.

NUMÉRATIONS FAITES DANS L'EAU DE LA SOURCE LARDY

1° Au robinet de la source. — Prélèvement opéré le 1ᵉʳ Août, à 11 heures du matin, dans un flacon d'Erlenmeyer stérilisé. L'ensemencement a eu lieu moins de 15 minutes après.

Trois boîtes de Petri ont reçu chacune 1ᶜᶜ d'eau et 15ᶜᶜ de gélatine peptonisée.

Après 60 heures, le nombre de colonies développées était de :

$$6 \text{ dans la } 1^{re} \text{ boîte ;}$$
$$5 \quad \text{id.} \quad 2^e \quad \text{id.}$$
$$\underline{4} \quad \text{id.} \quad 3^e \quad \text{id.}$$

Soit, au total, $\overline{15}$ ou 5 en moyenne par c. c.

2° Au verre. — Prélèvement fait le même jour, à la même heure, au centre du verre banal à l'aide d'une pipette stérilisée de 100ᶜᶜ munie d'une poire en caoutchouc. Le contenu poussé dans un flacon d'Erlenmeyer a servi a l'ensemencement 15 minutes après.

Trois boîtes de Pétri ont reçu chacune 1ᶜᶜ d'eau et 15ᶜᶜ de gélatine peptonisée.

Après 50 heures, le nombre de colonies développées était de :

$$126 \text{ dans la } 1^{re} \text{ boîte ;}$$
$$122 \quad \text{id.} \quad 2^e \quad \text{id.}$$
$$\underline{118} \quad \text{id.} \quad 3^e \quad \text{id.}$$

Soit, au total 366 ou 122 en moyenne par c. c.

Ces colonies proviennent évidemment de l'eau de l'Allier employée au lavage du verre et que le rinçage à l'eau minérale n'enlève pas complètement.

3º *Au robinet d'embouteillage.* — Le robinet fonctionnait au moment de la prise d'essai.

Prélèvement fait le même jour, à la même heure que pour les essais précédents. Ensemencement 15 minutes après.

Trois boîtes de Pétri ont reçu :

La 1re 4 gouttes d'eau et 8cc de gélatine peptonisée ;
La 2e 6 gouttes   id.
La 3e 10 gouttes   id.

Après 60 heures, le nombre de colonies développées était de :

28 dans la 1re boîte ;
40   id. 2e   id.
31   id. 3e   id.

Soit, au total, 99 colonies par c. c.

L'augmentation du nombre de colonies dans l'eau servant à l'embouteillage ne peut avoir d'autre cause que celle du séjour trop prolongé de l'eau minérale dans le réservoir avant l'opération du remplissage.

SOURCE PRUNELLE

Située place Lucas, à peu de distance de la source du même nom, et en face de l'hôpital militaire. Le puits de recherche, creusé en 1873, à 9 m. 60 de profondeur, fut remplacé sur une longueur de 7 mètres par une fosse quadrangulaire bétonnée et au fond du puits on établit une cheminée en béton s'élevant à 1 m. 40 au-dessus du niveau inférieur de la fosse. Cette cheminée fermée par une dalle en pierre de Volvic reçoit un tuyau de fonte dans lequel l'eau, dont le niveau se maintient à 4 mètres 20 au-dessous du sol, est aspirée à l'aide d'une pompe.

La distribution d'eau minérale se fait au robinet de la buvette située dans la maison même du propriétaire de la Source.

Le 29 juillet 1891, à 10 heures du matin, la température de l'eau du puits Prunelle, prise au robinet de la buvette et après 15 minutes de fonctionnement de la pompe, était exactement de 22º8, la température de l'air étant de 20º5 et la hauteur barométrique réduite à 0º, de 737.

Essai de l'eau au robinet de la buvette. — Prélèvement fait le 12 juin, à 7 heures du matin dans un flacon d'Erlenmeyer stérilisé et ensemencement immédiat.

Trois boîtes de Pétri ont reçu chacune 1cc d'eau et 15cc de gélatine peptonisée.

Après 72 heures, le nombre de colonies développées était de :

72 dans la 1re boîte

65 id. 2e id.

60 id. 3e id.

Soit au total : $\overline{197}$ ou 65 en moyenne par c. c.

Ces résultats sont peu différents de ceux obtenus dans l'examen de la Source Lucas. Il est probable qu'étant donné la très faible distance qui sépare ces deux Sources, la nappe servant à leur alimentation doit être la même, mais avec des griffons distincts.

CONSIDÉRATIONS PRATIQUES SUR LES SOURCES TIÈDES DE VICHY

Sur les quatre sources examinées, Lucas, Parc, Lardy, Prunelle, une seule, Lardy, jaillit naturellement; les trois autres sont des puits à pompe.

Les essais de ces dernières montrent combien le système d'aspiration est défectueux au point de vue bactériologique.

L'eau du Puits du Parc est particulièrement impure, mais, outre l'altération qu'elle subit dans le tuyau d'aspiration et dans le corps de pompe, il faut signaler les infiltrations certaines de l'eau de l'Allier résultant sans doute d'un captage imparfait.

En étudiant la conservation des eaux minérales et la progression des germes dans les bouteilles on se rendra mieux compte des inconvénients du système à pompe et de la quantité de micro-organismes qui doivent proliférer à la surface des tuyaux humides, lorsque l'écoulement cesse par suite de l'arrêt du fonctionnement. Non seulement l'eau qui monte arrive au robinet chargée des germes qui tapissent les parois des tuyaux, mais celle qui retombe dans le puits lorsque la pompe n'est plus actionnée, ensemence forcément l'eau à sa nappe, et à moins de pomper jour et nuit, l'eau des puits à pompe est destinée à être totalement infectée.

La Source Lardy, malgré ses intermittences, courtes il est vrai, et la profondeur énorme de son puits, est remarquable de pureté, mais il est fâcheux qu'elle ne la conserve pas au robinet d'embouteillage. Les résultats de nos numérations à l'eau de la buvette et au robinet de remplissage montrent d'une façon tangible l'augmentation des germes que peut amener dans une eau presque absolument pure l'emploi de bassins d'approvisionnements dont le curage ne se fait pas régulièrement.

Ce système mal appliqué permet aux germes, malgré la distance relativement faible du bassin au point d'émergence de la Source, de proliférer assez abondamment pour multiplier par 20 le chiffre des colonies trouvé dans l'eau de la buvette.

A Lardy, l'usage de l'eau ordinaire employée au lavage du verre se trouve condamné en pratique par la simple comparaison des numérations faites le même jour, à la même heure, sur l'eau du robinet et la même eau recueillie dans le verre banal.

En effet, tandis que la première ne contient que 5 colonies par c. c., l'eau distribuée aux buveurs en contient 122, c'est-à-dire environ vingt-cinq fois plus.

EAUX FROIDES
SOURCES DES CÉLESTINS

Les Célestins forment un groupe de Sources qui, toutes, proviennent de fouilles pratiquées dans le massif rocheux formant le mur de soutènement de l'ancien couvent des Célestins. Ces roches qui autrefois étaient baignées par l'Allier en sont aujourd'hui séparées par une digue et par le nouveau parc.

On divise ces Sources en anciens et nouveaux Célestins, portant chacun les numéros d'ordre 1 et 2.

Par suite d'infiltrations des eaux de l'Allier au travers des roches désagrégées formant la base d'escarpement du jardin des Célestins trois Sources seulement sont utilisées : les anciens Célestins n° 1 et 2 et les nouveaux Célestins n° 2.

ANCIENS CÉLESTINS N° 1

Cette Source appelée vulgairement « La Pleureuse » ne sert plus guère aujourd'hui ; son débit n'est que de 560 litres par jour, et malgré la protection d'une couche épaisse de béton, son puits de 3m de profondeur est incomplètement abrité contre les infiltrations de la rivière.

L'eau est puisée au moyen d'une pompe aspirante et foulante et l'écoulement se fait par un robinet où la donneuse d'eau remplit son verre.

Le 27 juillet 1891, à 11 heures du matin, la température de l'eau prise au robinet de la buvette et après 10 minutes de fonctionnement de la pompe était exactement de 15°3, la température de l'air étant de 20° et la hauteur barométrique réduite à 0°, de 736,4.

Essai de l'eau au robinet de la pompe. — Prélèvement fait le
15 juillet, à 11 heures du matin, au robinet, dans un flacon
d'Erlenmeyer. L'ensemencement a eu lieu moins de 15 minutes
après.

Trois boîtes de Pétri ont reçu chacune 1^{cc} d'eau et 15^{cc} de
gélatine peptonisée.

Après 50 heures, le nombre de colonies développées a été de :

$$490 \quad \text{dans la } 1^{re} \text{ boîte}$$
$$460 \quad \text{id.} \quad 2^e \quad \text{id.}$$
$$412 \quad \text{id.} \quad 3^e \quad \text{id.}$$

Soit au total   1362   ou 454 en moyenne par c. c.

Sur ce nombre de colonies, 115 sont des colonies liquéfiantes.

ANCIENS CÉLESTINS N° 2

Cette Source, distante de quelques mètres des anciens Célestins
n° 1, a été découverte en 1870 par M. l'ingénieur de Gouvenain.
On creusa un puits de 4 mètres de profondeur et une amorce de
galerie ouverte au fond du puits du côté nord fit jaillir une
Source dont le débit d'abord de 18 mètres cubes, descendit à
13 mètres cubes en 24 heures.

Comme dans la précédente, l'eau est aspirée par une pompe
et arrive dans une rampe munie de robinets par où l'eau s'écoule.
Un kiosque rectangulaire vitré sert de buvette.

*Le 27 juillet 1891, à 11 heures 10 du matin, après 10 minutes
de fonctionnement de la pompe, la température de l'eau au 1er
robinet de la rampe était exactement de 15°3, la température de
l'air étant de 19°5 et la hauteur barométrique réduite à 0°,
de 736,4.*

1° *Essai de l'eau au 1er robinet de la rampe.* — Prélèvement
fait le 15 juillet, à 11 heures du matin, au robinet, dans un
flacon d'Erlenmeyer stérilisé. L'ensemencement a eu lieu moins
de 15 minutes après.

Trois boîtes de Pétri ont reçu chacune 1^{cc} d'eau et 15^{cc} de
gélatine peptonisée.

Après 50 heures, le nombre de colonies était de :

$$2580 \quad \text{dans la } 1^{re} \text{ boîte}$$
$$2420 \quad \text{id.} \quad 2^e \quad \text{id.}$$
$$2260 \quad \text{id.} \quad 3^e \quad \text{id.}$$

Soit au total   7260   ou 2420 par c. c.

Sur ce nombre, il y avait en moyenne 20 grosses colonies liquéfiantes.

2º *Au Verre.* — Etant donné le chiffre énorme des colonies du robinet, la numération dans le verre lavé à l'eau de l'Allier l'eût encore augmenté, mais sans doute dans de faibles proportions.

3º *Essai de l'eau au robinet d'embouteillage.* — L'eau arrive directement de la Source sans traverser de bassin à décantation, il était curieux de vérifier si le nombre de colonies était le même qu'au robinet de la buvette où l'eau donnée au buveur peut avoir pour cause d'altération un séjour trop long dans les tuyaux.

Le prélèvement a été fait le 8 août, à 11 heures du matin. L'ensemencement a eu lieu moins de 15 minutes après.

Trois boîtes de Pétri ont reçu :

La 1re 1 goutte d'eau et 8cc de gélatine peptonisée.

    2e 1   id.   8cc   id.   id.

    3e 2   id.   8cc   id.   id.

Après 50 heures, le nombre de colonies développées a été de :

    38   dans la 1re boîte ou 760 par c. c.

    37   id. 2e id.   740   id.

   127   id. 3e id.   1270   id.

        Soit au total 2770 ce qui donne en moyenne un chiffre de 923 colonies par c. c.

Il est à remarquer que l'eau coulait sans interruption depuis le matin à l'embouteillage.

NOUVEAUX CÉLESTINS Nº 2

Cette Source, découverte en même temps que la précédente, provient du captage dans un puisard de deux griffons d'eau minérale plus ou moins mélangée d'eau douce. Son débit est de 13 mètres cubes en 24 heures. Elle se trouve dans le centre du bâtiment et à quelques mètres seulement des *Nouveaux Célestins nº 1* ou *Source de la Vasque.*

L'eau montée par une pompe arrive à un robinet de distribution. L'installation est faite, comme nous venons de le dire, au centre d'une grotte située dans la partie de l'escarpement rocheux bornant au nord le parc des Célestins.

Le 27 juillet 1891, à 11 heures 20 du matin, la température de l'eau au robinet, après 10 minutes de fonctionnement de la pompe, était exactement de 15°6, la température de l'air étant de 19°5 et la hauteur barométrique réduite à 0°, de 736,4.

Essai de l'eau prise au robinet de distribution. — Prélèvement fait le 15 juillet, à 11 heures du matin. L'ensemencement a eu lieu moins de 15 minutes après dans 3 boîtes de Pétri.

Moins de 30 heures après, le nombre de colonies développées s'élevait en moyenne à 3200 par c. c., mais, contrairement à ce qui se passe pour les deux autres Sources, celle-ci ne renfermait pas de colonies liquéfiantes.

CONSIDÉRATIONS SUR L'EAU DES CÉLESTINS

De tout temps on a constaté des variations dans la composition chimique des Célestins dont les eaux, accidentellement ou normalement, sont contaminées par l'eau de l'Allier qui pénètre, malgré les barrages en béton qui les protègent, jusqu'aux griffons mêmes des Sources.

Le rocher des Célestins, dans lequel ont été faites les recherches d'eau minérale, présente au point de vue géologique une particularité curieuse : ses assises au lieu d'être horizontales sont verticales ; leur structure cristalline permet de supposer qu'elles résultent des dépôts successifs opérés par les eaux calcaires.

Ces feuillets verticaux, composés d'aragonite fibreuse ou compacte, se désagrègent facilement. Attaqués sans cesse par l'eau minérale d'un côté et l'eau de l'Allier de l'autre, ces lames ont été entamées assez profondément pour faciliter les échanges entre la rivière et les Sources. Aux griffons, tandis qu'on constatait une diminution d'alcalinité de l'eau minérale, dans le lit de la rivière, à eau basse, on voyait l'acide carbonique se dégager par les joints de la marne sur laquelle reposent ces roches.

L'essai bactériologique des eaux des Célestins confirme ces résultats de l'observation. Les colonies liquéfiantes obtenues dans les ensemencements précédents attestent, en effet, la présence de l'eau de l'Allier, car les Sources pures n'en renferment pour ainsi dire pas.

Or, si l'on doit juger de la pureté des eaux prises à la Source par la faiblesse numérique de leurs germes, on doit conclure que les Célestins n'offrent aucune garantie de pureté.

Récoltées dans les meilleures conditions, le chiffre des colonies se montre supérieur à celui de l'eau de l'Allier, et ceci n'a rien qui puisse nous surprendre, étant donné le milieu éminemment favorable qu'offrent à quelques germes de l'eau ordinaire les eaux minérales de Vichy.

Les infiltrations se font probablement d'une façon continue, et sans le renouvellement constant qu'amènent dans ces Sources le fonctionnement de la buvette et les opérations de l'embouteillage, le nombre de colonies serait évidemment plus considérable encore.

La Source des anciens Célestins no 2, la seule réellement suivie, renferme environ trois fois plus de germes au robinet de la buvette qu'à celui de l'embouteillage.

Cette différence s'explique difficilement pour une eau de même origine. Il est possible que dans la buvette, l'eau aspirée par une pompe et restant plus longtemps dans les tuyaux se charge davantage de germes que celle arrivant naturellement et sans pression artificielle du puits au robinet d'embouteillage, mais cette raison est insuffisante pour expliquer cette différence. L'analyse chimique seule éclairerait peut-être ce point mystérieux, en déterminant pour chacune le degré d'alcalinité?

L'eau subit à l'embouteillage les mêmes manipulations qu'à la Grande-Grille et l'Hôpital. Le chiffre trop élevé de colonies au robinet nous a obligés à ne pas en suivre la progression dans les bouteilles.

Cette lacune pour les premières Sources froides étudiées, sera comblée dans l'analyse des eaux de St-Yorre et d'Hauterive.

SOURCE DUBOIS

Elle est située rue de Nîmes, à l'est de la Source des Célestins. Un puits de 27 mètres de profondeur communique avec une galerie ou sont captés, à l'aide de cloches en fonte, plusieurs naissants d'eau minérale.

L'eau aspirée par une pompe arrive à une petite buvette ménagée sur l'une des faces du magasin d'embouteillage.

Le 1er août 1891, à 10 heures 15 du matin, l'eau du robinet de la buvette, après 10 minutes de fonctionnement de la pompe, donnait au thermomètre une température constante de 15°3, la température de l'air étant de 16°5 et la hauteur barométrique réduite à 0°, de 741,6.

Essais bactériologiques de l'eau. — 1o *Au robinet de la buvette.* — Prélèvement fait le 1er août, à 11 heures 30 du matin, dans un flacon d'Erlenmeyer stérilisé. Ensemencement moins de 15 minutes après.

Trois boîtes de Pétri ont reçu chacune 1^{cc} d'eau et 15^{cc} de gélatine peptonisée.

Après 60 heures, le nombre de colonies développées était de :

397 dans la 1re boîte
388 id. 2e id.
370 id. 3e id.

Soit au total 1155 ou 385 en moyenne par c. c.

2° *Au verre.* — L'eau a été prélevée à l'aide d'une pipette de 100^{cc} au centre du verre banal et refoulée dans un flacon d'Erlenmeyer stérilisé.

Trois boîtes de Pétri ont reçu chacune 1^{cc} d'eau et 15^{cc} de gélatine peptonisée.

Après 44 heures, le nombre de colonies développées était de :

540 dans la 1re boîte
509 id. 2e id.
478 id. 3e id.

Soit au total 1527 ou 509 par c. c.

3° *Dans les bouteilles.* — Expériences faites le même jour.

A : *Après 24 heures d'embouteillage.* — Ensemencement de 1 goutte dans des godets de Rietsch avec 8^{cc} de gélatine peptonisée.

Après 50 heures, le nombre de colonies développées était de 2200 en moyenne pour 1 goutte, soit 44000 par c. c.

B : *Après un an d'embouteillage.* — Prélèvement fait à l'aide d'un compte-gouttes stérilisé au centre d'une bouteille cachetée au millésime de 1890.

Ensemencement de 1 goutte dans trois godets de Rietsch avec 8^{cc} de gélatine peptonisée.

Après 50 heures, le nombre de colonies développées était en moyenne de 800 par godet pour 1 goutte, soit 16000 par c. c.

C : *Après dix ans d'embouteillage.* — Prélèvement fait comme le précédent, au centre d'une bouteille cachetée au millésime de 1880.

Trois godets de Rietsch ont reçu chacun 1 goutte d'eau et 8^{cc} de gélatine peptonisée.

Après 70 heures, le nombre de colonies développées était de :

12 dans le 1er godet

11 id. 2e id.

10 id. 3e id.

Soit au total 33 colonies ou 220 en moyenne par c. c.

CONSIDÉRATIONS SUR L'EAU DE LA SOURCE DUBOIS

L'impureté de la Source Dubois paraît se rapporter à des infiltrations d'eau douce d'un puits qui l'avoisine. Depuis quelque temps, on s'apercevait que l'eau du puits baissait lorsqu'on pompait l'eau minérale destinée à l'embouteillage. Des travaux furent immédiatement entrepris dans le but de protéger la Source de ces infiltrations et c'est au moment des réparations que nous en avons fait l'examen bactériologique.

Il est possible et même probable qu'une protection efficace arrivera à diminuer la proportion des germes constatés à la Source, mais, le système d'aspiration étant lui-même un obstacle à la pureté de l'eau, la Source est condamnée à avoir toujours plus de germes au robinet d'embouteillage qu'à son griffon.

Les numérations pratiquées sur l'eau d'une bouteille au millésime de 1880 présentent un réel intérêt, elles nous permettent de vérifier certaines hypothèses émises au sujet de la stérilisation de l'eau par suite d'auto-infection des germes qu'elle renferme.

SOURCES DE SAINT-YORRE

Saint-Yorre, village situé sur la rive droite de l'Allier, est à 8 kilomètres environ de Vichy. Tout près de la rivière s'étendait un terrain bas, marécageux, dit plaine des Boulets, où venaient sourdre de nombreuses Sources d'eau minérale gazeuse. Pendant l'été, les griffons disparaissaient sous une croûte calcaire formée par l'évaporation de l'eau bicarbonatée, mais il suffisait de la gratter un peu pour voir le suintement réapparaître.

Les premiers essais de captage des Sources datent de 1853, et c'est à la suite d'un rapport de M. O. Henry à l'Académie de Médecine que le gouvernement en autorisa l'exploitation.

De nombreux sondages pratiqués depuis cette époque ont amené la découverte de nouvelles Sources situées à des niveaux différents, allant jusqu'à 33 mètres au-dessous du sol.

L'Etat n'en possédant aucune, nous avons borné notre examen à celui des plus anciennes Sources, que nous connaissions plus spécialement, et qui appartiennent à des propriétaires de Vichy.

Les Sources Larbaud Saint-Yorre et Mallat de Saint-Yorre sont l'une à côté de l'autre, séparées seulement par la ligne de chemin de fer de Vichy à Thiers.

SOURCES LARBAUD SAINT-YORRE

Elles sont au nombre de cinq : deux *anciennes*, placées sous des kiosques vitrés, et trois *nouvelles*, situées dans une vaste galerie parallèle à la ligne du chemin de fer.

De ces Sources, deux seulement ont été étudiées : une ancienne dite (Source intermittente) et une nouvelle, dite (Source n° 2).

SOURCE ANCIENNE (Intermittente)

C'est elle qui fournit la presque totalité de l'eau servant à l'embouteillage.

Son arrêt est de 18 minutes en moyenne et son jaillissement dure 3 minutes au plus.

Elle est captée à 8 mètres de profondeur au moyen d'une cloche en fer qui repose sur la roche calcaire d'où elle émerge. Un tube vertical fixé sur la cloche de captage relie la Source à une vasque dont le niveau est à 0m80 au-dessus du sol.

Un ajutage spécial partant du tube vertical permet d'amener l'eau minérale aux robinets d'embouteillage.

Dans la pratique des opérations du remplissage, on évite l'intermittence du jet par l'emploi d'une pompe à main.

Le 17 juin 1891, à 3 heures du soir, l'eau prise au robinet de la vasque marquait exactement 12°5, la température de l'air étant de 24° et la hauteur barométrique réduite à 0° de 743,5.

Essai de l'eau au robinet. — Prélèvement fait le 17 juin dans un godet de Rietsch stérilisé. Ensemencement fait sur place à l'aide d'une pipette de 1cc stérilisée.

Trois boîtes de Pétri ont reçu chacune 1cc d'eau et 15cc de gélatine peptonisée. Après complet refroidissement de la gélatine, les boîtes ont été renfermées dans leur enveloppe de papier filtré stérilisé et rapportées deux heures après au laboratoire de l'Hôpital.

Le nombre de colonies développées après 50 heures, était de :

    20   dans la 1re boîte
    18   id.   2e id.
    13   id.   3e id.

Soit au total 51 colonies ou 17 par c. c.

NOUVELLE SOURCE N° 2

Elle est située à l'extrémité sud de la galerie des trois nouvelles sources. Toutes sont captées à une profondeur variant de 20 à 25 mètres. Leur tubage est semblable à celui de la précédente.

L'embouteillage se fait à un robinet placé sur le tube ascensionnel au dessous de la vasque.

Le 17 juillet 1891, à 3 heures 15 du soir, l'eau prise au robinet de la vasque marquait exactement 13°, la température de l'air étant de 21°5 et la hauteur barométrique réduite à 0°, de 743,5.

Essai de l'eau : 1° Au robinet. — Prélèvement fait le 17 juin, dans un godet de Rietsch stérilisé. Ensemencement fait sur place à l'aide d'une pipette de 1cc stérilisée

Trois boîtes de Pétri ont reçu chacune 1cc d'eau et 15cc de gélatine peptonisée. Après complet refroidissement, les boîtes ont été enveloppées comme dans l'essai précédent et on a attendu au troisième jour pour faire la numération.

Le nombre de colonies était de :

    18 dans la 1re boîte
    15 — 2e —
    12 — 3e —

Soit, au total, 45, ou 15 colonies en moyenne par c. c.

2° Dans les bouteilles. — Prélèvement fait le 20 juin 1891, au centre d'une bouteille remplie depuis un mois (embouteillage du 20 mai).

Trois godets de Rietsch, ensemencés à une goutte d'eau et 8cc de gélatine peptonisée ont donné, en moins de 48 heures, un chiffre moyen de 800 colonies par goutte, soit 16000 par c. c.

SOURCES MALLAT DE SAINT-YORRE

De l'autre côté de la ligne de chemin de fer de Vichy à Thiers, à très peu de distance des sources Larbaud, se trouvent les sources Mallat au nombre de deux, une ancienne et une nouvelle qui, toutes deux, servent à l'embouteillage.

La plus ancienne est la seule que nous ayons étudiée au point de vue bactériologique.

Le terrain où elle jaillit, qui est le même que celui des précédentes, est aussi désigné sous le nom de plaine des Boulets.

Les recherches, commencées le 2 avril 1882, amenèrent, trois mois après, la découverte, à 18 mètres de profondeur, d'une masse jaillissante d'eau minérale, dont le captage fut opéré à l'aide de trois tubes de diamètres différents.

L'eau sortant du tuyau ascensionnel débouche dans une vasque abritée sous un kiosque vitré.

L'embouteillage de l'eau minérale se fait suivant le besoin ou la demande, soit directement à la source, soit au robinet d'une conduite sortant d'un bassin de décantation n'ayant pas le moindre rapport avec l'air extérieur et placé à côté de la vasque, dans lequel l'eau minérale séjourne environ 12 heures avant d'être embouteillée.

C'est dans la halle d'expédition, admirablement aménagée à cet effet, que se font les opérations de lavage, remplissage et emballage des bouteilles.

Les récipients, disposés dans de petits cadres de bois, sont amenés sur un wagon Decauville en face du réservoir d'eau douce dans lequel on les lave. Le lavoir en ciment et briques est divisé en trois parties séparées par une cloison à échancrure faisant l'office de trop-plein. Le robinet d'eau douce remplit la première et les deux autres reçoivent l'eau qui s'en écoule par la gouttière. Les bouteilles sont lavées grossièrement dans la troisième partie du réservoir où l'eau est la plus impure et passent, après avoir été vidée, dans la deuxième où elles se remplissent d'une façon automatique par suite d'un dispositif aussi simple qu'ingénieux. Sous une règle de bois pénétrant légèrement dans l'eau du réservoir, on engage le goulot de la bouteille qui se remplit peu à peu et finit par basculer de l'autre côté de la règle. Vidée à nouveau, la bouteille passe de la même façon dans la première partie du réservoir où l'eau est la plus pure. Ces trois lavages opérés, la bouteille est renversée sur un robinet d'eau minérale s'ouvrant par la simple pression du poids de la bouteille. Ainsi rincée à l'eau minérale on procède au remplissage.

Le 19 août 1891, à 3 heures 15 du soir, la température de l'eau à la vasque était exactement de 12°8, la température de l'air étant de 22° et la hauteur barométrique réduite à 0° de 735.

Essai de l'eau : 1° Au robinet de la vasque. — Prélèvement fait le 23 juillet, dans un flacon d'Erlenmeyer stérilisé. Ensemencement sur place. Trois boîtes de Pétri ont reçu chacune 1ᶜᶜ d'eau et 15ᶜᶜ de gélatine peptonisée.

Après 70 heures, le nombre de colonies développées était de :

6 dans la 1ʳᵉ boîte.

6 — 2ᵉ —

5 — 3ᵉ —

Soit, au total, 17, ou 6 en moyenne par c. c.

2° Au robinet d'embouteillage : Prélèvement fait le même jour, à la même heure, dans les mêmes conditions que le précédent. Ensemencement sur place.

Trois godets de Rietsch ont reçu : le premier, 2 gouttes d'eau et 8ᶜᶜ de gélatine peptonisée ; le deuxième, 4 gouttes d'eau et 8ᶜᶜ de gélatine peptonisée ; le troisième, 10 gouttes d'eau et 8ᶜᶜ de gélatine peptonisée.

Après 70 heures, le nombre de colonies développées était de :

5 dans le 1ᵉʳ godet, soit 50 par c. c.

4 — 2ᵉ — 20 —

32 — 3ᵉ — 64 —

Soit, au total, 134, ou 45 en moyenne par c. c.

3° Dans les bouteilles. — Après 6 heures d'embouteillage. Prélèvement fait au centre de la bouteille avec un compte-goutte stérilisé. Ensemencement sur place. Trois boîtes de Pétri ont reçu chacune une goutte d'eau et 15ᶜᶜ de gélatine peptonisée.

Après 48 heures seulement d'ensemencement, le chiffre moyen de colonies développées par c. c. s'élève à 11.580.

CONSIDÉRATIONS SUR LES EAUX DE SAINT-YORRE

Ces sources, grâce à leur captage récent et bien compris, présentent une très grande pureté. La très faible quantité de germes qu'elles renferment à leur point d'émergence et l'absence complète de colonies liquéfiantes sont une preuve certaine qu'elles ne subissent aucune infiltration de la rivière qui les avoisine.

L'examen des eaux embouteillées va nous fournir les é'éments propres à la discussion de l'opportunité des bassins de décantation.

Ces réservoirs, construits près du point d'émergence, sont destinés d'une part à emmagasiner l'eau dont le débit au griffon est insuffisant pour le remplissage rapide des bouteilles (source Lardy), d'autre part à attendre la formation des dépôts calcaires avant la mise en bouteilles (source Mallat). Dans ce dernier cas, le seul qui présente au point de vue de la conservation et de la limpidité de l'eau un réel avantage, le séjour de l'eau dans le bassin de décantation ne doit pas dépasser douze heures et chaque fois que le remplissage en est fait, il ne faut fermer le robinet qu'après que l'eau qui s'en écoule est absolument limpide. De cette façon, les dépôts qu'avaient abandonnés la dernière eau emmagasinée disparaissent sous l'afflux continue d'eau pure et, à condition que le bassin n'ait aucune communication avec l'air, la teneur en bactéries, légèrement augmentée par ce séjour de douze heures, n'a que peu d'influence sur la prolifération des germes dans les bouteilles.

Au point de vue chimique, l'on prétend que les eaux ainsi privées de leurs carbonates terreux ne constituent pas de l'eau naturelle et qu'elles s'en ressentent dans leurs effets.

A ceux qui émettent cet avis, nous répondrons par l'expérience, que toutes les eaux froides, embouteillées au griffon même de la source dans des récipients stérilisés, bouchés immédiatement et cachetés, ne tardent pas à louchir. Peu à peu se forme dans la masse limpide un nuage qui se condense et finit par tomber douze heures après au fond du vase où il s'agrège.

Le bassin de décantation n'a donc pour but que de supprimer, dans les bouteilles, ce dépôt sans aucune utilité pour le consommateur. Nous avons pu voir que ce dépôt se formant en présence de la totalité de l'acide carbonique existant dans l'eau récoltée au point d'émergence de la source, ne se redissout pas par un excès d'acide carbonique.

Sans chercher à déterminer les causes de cette précipitation naturelle des carbonates calcaires, sans expliquer pourquoi, contrairement à l'opinion générale, le dépôt formé ne se redissout pas en comprimant dans la bouteille du gaz acide carbonique, nous nous contenterons d'émettre, à ce sujet, de simples hypothèses : le champ déjà étendu de nos recherches ne nous permet pas de les vérifier par des expériences.

L'eau, à la profondeur de sa masse naturelle, tient en dissolution, sous une pression énorme d'acide carbonique, les bicarbonates terreux. Au fur et à mesure que l'eau s'élève dans le tube ascensionnel, la dissociation de l'eau et de l'acide carbonique se fait de plus en plus, la pression allant en diminuant de la nappe d'eau minérale à la surface du sol où elle émerge. En s'écoulant par l'orifice du tube, l'acide carbonique dont elle est encore sursaturée, se déperd, en partie, dans l'atmosphère, et il faudrait, pour empêcher le dépôt de se former, mettre le récipient directement en communication, sinon avec la nappe, tout au moins avec l'extrémité du tuyau en évitant tout contact avec l'air ce qui pratiquement, est irréalisable, aussi bien au point de vue du remplissage que de la résistance des récipients.

Pour empêcher la précipitation complète des carbonates terreux, peut-être suffirait-il de charger très fortement l'eau d'acide carbonique, immédiatement après le remplissage de la bouteille, au moment où elle possède encore toute sa limpidité, car l'acide carbonique gazeux ne saurait dissoudre facilement les petites masses agglutinées qui se forment deux à trois heures après l'embouteillage.

Dans les eaux très chaudes, comme celles du Puits-Chomel, nous n'avons pas observé de dépôt au fond du flacon, même lorsque l'eau avait subi assez longtemps le contact de l'air et ceci tient évidemment à la moins grande quantité de bicarbonates terreux tenus en dissolution par ces eaux dans lesquelles l'acide carbonique est en proportion beaucoup plus faible.

La raison de ces dépôts tient donc à deux causes, qui, en réalité n'en font qu'une : température de l'eau à l'émergence et diminution de tension de l'acide carbonique.

SOURCES D'HAUTERIVE

Hauterive, village situé à 5 kilomètres environ au sud de Vichy, sur la rive gauche de l'Allier, possède de nombreuses sources d'eaux minérales. La plus importante appartient à l'Etat, les autres sont la propriété de particuliers.

Les sources d'Hauterive étaient déjà connues au siècle dernier, mais leur exploitation ne date que de 1842.

A cette époque seulement quelques travaux furent faits dans le but de les garantir contre les inondations de la rivière qui les submergeait parfois complètement. Le sol où elles jaillissent n'est qu'à 2 mètres 20 au-dessus de l'étiage de l'Allier.

Les sources que nous avons examinées sont au nombre de deux : celle de l'Etat et la source Ramin.

SOURCE DE L'ÉTAT

C'est vers 1842 que M. Brosson construisit le puits foré d'Hauterive qui devint, en 1853, propriété de l'Etat.

Le forage, pratiqué d'abord à 35 mètres de profondeur, fut repris et poussé à 97 mètres. La nappe d'eau minérale se trouve à 27 mètres de profondeur et offre une épaisseur de 2 mètres.

Le tuyau ascensionnel est percé, à la partie inférieure sur une longueur de 7 mètres, de nombreux trous offrant une surface totale d'absorption quatre fois plus grande que celle de la section du tuyau.

Le terrain, à cette profondeur, étant très mobile, s'affouillant sous l'influence évasive de l'eau minérale, on combla le vide annulaire au niveau des trous par du gravier assez gros pour ne pas les boucher. Cette disposition permettait de filtrer l'eau chargée d'argile, en même temps qu'elle formait une base capable de retenir le ciment qui fut ensuite coulé autour du tube.

L'extrémité du tuyau ascensionnel ayant été raccordée avec la conduite allant à l'atelier d'embouteillage, la source qui présentait en vingt-quatre heures quatre intermittences, devint, à la suite de ce raccord, intermittente sans arrêts d'écoulement.

Le 28 juillet 1891, à 3 heures 45 du soir, la température de l'eau prise au robinet d'embouteillage, était exactement de 14°6, la température de l'air étant de 20° et la hauteur barométrique, réduite à 0°, de 736.6.

Essai de l'eau : 1° *Au robinet d'embouteillage.* — Prélèvement fait le 28 juillet, à 3 heures 54 du soir, dans un godet de Rietsch stérilisé. Ensemencement sur place dans 3 boîtes de Pétri de 1^{cc} d'eau et 15^{cc} de gélatine peptonisée. Le transport des boîtes a été opéré après refroidissement complet de la gélatine.

Après 50 heures, le nombre des colonies développées était de :

> 12 dans la 1re boîte.
> 10 — 2e —
> 8 — 3e —

Soit, au total, $\overline{30}$, ou 10 en moyenne par c. c.

Pas de colonies liquéfiantes.

2º *Dans les bouteilles.* — Prélèvement fait le même jour, à la même heure, dans les mêmes conditions.

A. *Après 11 heures de remplissage.*

Ensemencement dans trois godets de Rietsch de 1 goutte d'eau et de 8ᶜᶜ de gélatine peptonisée.

Le chiffre moyen des colonies développées après 48 heures était de 1450 pour 1 goutte, soit 29000 par c. c.

B. *Après 24 heures de remplissage.*

Ensemencement dans trois godets de Rietsch de 1 goutte d'eau et de 8ᶜᶜ de gélatine peptonisée.

Le chiffre moyen des colonies développées après 48 heures était de 2200 pour 1 goutte, soit 44000 par c. c.

Nombreuses colonies liquéfiantes.

SOURCE RAMIN

Elle est à proximité de la route de Vichy à Hauterive, à environ 800 mètres du périmètre de protection de la source précédente. Les recherches ont commencé le 11 mars 1889. Le puits est foré à 61 mètres 25 de profondeur ; un tube ascensionnel en fer creux muni d'une perruque à son extrémité inférieure a été enfermé dans un tubage protecteur en tôle et l'espace annulaire a été comblé avec un mélange de ciment et de limaille de fer.

L'eau jaillit à 6 mètres au-dessus du sol. Son débit a été rendu régulier en plaçant dans le tube ascensionnel 26 mètres de tubes siphoïdes surmontés d'un régulateur à trois ouvertures.

Le dispositif de l'établissement tout entier est analogue à celui de la source Mallat de Saint-Yorre.

Le 28 juillet 1891, à 3 heures 30 du soir, la température de l'eau prise en plein jet était exactement de 19º, la température de l'air étant de 20º et la hauteur barométrique réduite à 0º, de 735.6.

Essai de l'eau : 1º A la vasque. — Prélèvement fait le 28 juillet, à 3 heures 30 du soir, dans un godet de Rietsch stérilisé. Ensemencement sur place dans 3 boîtes de Pétri de 1ᶜᶜ d'eau et de 15ᶜᶜ de gélatine peptonisée.

Après 60 heures, le nombre de colonies développées était de :

50 colonies dans la 1re boîte.

49 — 2e —

46 — 3e —

Soit, au total, 145, ou 48 par c. c.

2o *Dans les bouteilles*. Après 2 mois de remplissage.

Prélèvement fait le même jour, à la même heure, dans les mêmes conditions.

Ensemencement dans 3 godets de Rietsch de 1 goutte d'eau et de 8cc de gélatine peptonisée.

Après 48 heures, le nombre de colonies développées était de :

70 colonies dans le 1er godet.

68 — 2e —

61 — 3e —

Soit, au total, 199 ou 66 en moyenne par goutte, c'est-à-dire 1320 par c. c.

CONSIDÉRATIONS SUR LES EAUX D'HAUTERIVE

Malgré le voisinage de l'Allier qui les couvre complètement au moment des crues, les sources d'Hauterive, admirablement captées, conservent une pureté très grande. La source Ramin donne, à l'émergence, dix fois plus de germes que la source de l'Etat, mais la cause en est peut-être à la difficulté du prélèvement. L'eau, en effet, jaillissant à l'extrémité du tube ascensionnel s'élève à 5 mètres environ au-dessus du niveau de la vasque de réception, puis retombe en gerbe sur les bords. La prise d'essai opérée dans un godet de Rietsch stérilisé a été, par ce fait, très difficile à faire et nous avons dû nous contenter de recueillir de l'eau qui ayant traversé une couche d'air sans cesse renouvelée s'était forcément chargée, pendant sa montée et sa chute, d'une grande quantité de germes. Ceci explique les résultats obtenus pour cette source qui, en réalité, doit être, comme celle de l'Etat, d'une pureté absolue.

Cette observation nous servira du reste à établir la preuve de l'ensemencement par l'air des eaux pures aussitôt qu'elles arrivent à l'orifice de leur tube ascensionnel et d'en tirer des déductions relatives à la façon de faire les prélèvements pour avoir des résultats absolument comparables.

L'examen de l'eau embouteillée à ces deux sources va nous montrer l'influence que peut avoir sur le développement des germes le lavage des bouteilles pratiqué à une trop grande distance du robinet de remplissage.

Les causes de souillure que nous avons signalées au sujet de l'embouteillage des eaux de la Grande-Grille et de l'Hôpital se retrouvent ici multipliées par le transport auquel sont soumis les récipients de la Compagnie avant d'arriver au lieu d'embouteillage d'Hauterive.

Si l'on considère, en effet, le nombre de germes contenus dans les bouteilles de la source de l'Etat et si on le compare à celui obtenu dans les mêmes conditions à la source Ramin, on est frappé de la différence ; cette dernière en contient vingt fois moins environ.

Ces résultats s'expliquent facilement : à la source Ramin, les bouteilles sont lavées et rincées sur place, tandis qu'à celle de l'Etat le lavage et le rinçage se font à la halle d'expédition de la Compagnie voisine de la gare de Vichy. Chaque jour, la Compagnie fermière expédie sur des camions, insuffisamment bâchés, des cadres de récipients vides et non bouchés qui, pendant le trajet, dont la durée est d'une heure et demie, ont tout le temps de se charger de la poussière des routes et de l'humidité de l'air. Le remplissage à l'eau minérale arrive à point pour fournir aux germes qui tapissent la paroi interne des bouteilles le milieu bienfaisant pour augmenter leur vitalité et plus tard favoriser leur développement.

SOURCE DE MESDAMES

Le puits de Mesdames, foré en 1844, a une profondeur de 97 mètres. Il est situé à 2200 mètres à l'est de l'Etablissement thermal de Vichy.

Le tube ascensionnel est en fer creux, son diamètre est de 0m05. En 1854 la source a été reliée à la buvette située à l'extrémité occidentale de la galerie des sources par une conduite en poterie qui fut remplacée plus tard par une conduite en fonte. On supprima l'appareil propulseur mais on éleva le tube à 7 mètres au-dessus du sol en le laissant ouvert à l'air libre. La conduite de la buvette s'embranche sur le tube ascensionnel à 1 mètre au-dessus du sol.

La différence de niveau entre le sol de jaillissement de la source et celui de la vasque de la buvette est de 9 mètres environ.

Afin de bien nous rendre compte des variations que peut subir la pureté de cette eau par l'effet de sa canalisation, nous l'avons examinée à trois points différents :

En haut du tube ascensionnel, au point où est ménagée la prise d'eau aboutissant à la vasque de Mesdames. Nous nommerons ce point le griffon ; à la buvette (vasque, verre, trop-plein) ; à l'embouteillage (robinet de remplissage, bouteilles).

Mesdames au Griffon. — Le tuyau ascensionnel ne présentant au niveau du sol aucune communication avec l'air, M. le Directeur de la Compagnie Fermière a été assez aimable pour envoyer à la source un ouvrier d'art qui découvrit le robinet masqué en temps ordinaire par une boîte métallique scellée au tube ascensionnel.

Ce robinet est sensiblement à la hauteur de la conduite d'eau aboutissant à la vasque de Mesdames.

Le 5 août 1891, à 3 heures 20 du soir, la température de l'eau prise au robinet du tube ascensionnel était exactement de 16°3, la température de l'air étant de 18°5 et la hauteur barométrique (à Vichy) réduite à 0°, de 737.3.

Essai bactériologique. — Prélèvement fait le 5 août 1891, à 3 heures 30 du soir, à l'aide d'un compte-goutte, par aspiration directe dans l'eau s'écoulant du robinet. Ensemencement sur place. Quatre godets de Rietsch ont reçu chacun 10 gouttes d'eau et 8cc de gélatine peptonisée.

Le transport des godets a été opéré après refroidissement complet de la gélatine.

Après 60 heures, le nombre de colonies développées était de :

$$3 \text{ dans le } 1^{er} \text{ godet.}$$
$$2 \quad — \quad 2^e \quad —$$
$$1 \quad — \quad 3^e \quad —$$
$$1 \quad — \quad 4^e \quad —$$

Soit, au total, 7, par 2cc ou 4 au maximum comme moyenne par c. c.

Mesdames a la buvette. — La buvette de Mesdames est située à l'extrémité occidentale de la galerie des Sources. La vasque où débouche le tuyau de fonte amenant l'eau de la source a la forme d'un calice, sa hauteur est de 0m20 et son diamètre intérieur de 0m25, ce qui lui donne une capacité de 9 litres 80.

Cette vasque est placée à 1 mètre au-dessus du sol de la galerie, au centre d'un trop-plein circulaire en étain de 1 mètre 20 de diamètre duquel l'eau s'écoule par siphonnement.

La donneuse d'eau lave son verre au trop-plein, dont l'eau, étant donné le faible débit et le peu de capacité de la vasque, se renouvelle lentement. Le rinçage à l'eau minérale est, pour les mêmes causes, absolument insuffisant.

Le 5 août 1891, à 11 heures du matin, la température de l'eau, à la vasque, était exactement de 22°1, la température de l'air. étant de 19°1 et la hauteur barométrique réduite à 0°, de 737.3.

Essai bactériologique de l'eau à la vasque. — Prélèvement fait le 5 août 1891, à 11 heures 15 du matin, au centre de la vasque, à l'aide d'une pipette stérilisée de 100cc de capacité munie à son extrémité d'une poire en caoutchouc. Le contenu a été refoulé dans un flacon d'Erlenmeyer stérilisé. L'ensemencement a été fait moins de 10 minutes après.

Trois boîtes de Pétri ont reçu chacune 1cc d'eau et 15cc de gélatine peptonisée.

Après 50 heures, le nombre de colonies développées était de :

$$16 \text{ dans la } 1^{re} \text{ boîte.}$$
$$15 \quad - \quad 2^e \quad -$$
$$12 \quad - \quad 3^e \quad -$$

Soit, au total, 43, ou, en moyenne, 15 au maximum par c. c.

2° *Au verre.* — Prélèvement fait le même jour, à la même heure, dans les mêmes conditions, au centre du verre banal, tel qu'il est présenté au buveur.

Trois godets de Rietsch ont reçu : le premier, 4 gouttes d'eau et 8cc de gélatine peptonisée ; le second, 6 gouttes ; le troisième, 10 gouttes.

Après 50 heures, le nombre de colonies développées était de :

$$7 \text{ dans le } 1^{er} \text{ godet.}$$
$$19 \quad -- \quad 2^e \quad -$$
$$23 \quad - \quad 3^e \quad -$$

Soit, au total, 49 par c. c.

3º *Au trop-plein.* — Prélèvement fait le même jour, à la même heure, dans les mêmes conditions que les précédents.

Trois godets de Rietsch ont reçu chacun 1 goutte d'eau et 8^{cc} de gélatine peptonisée.

Après 50 heures, le nombre de colonies développées était de :

69 dans le 1er godet.

65 — 2e —

58 — 3e —

Soit, au total, 192, ou, en moyenne, 64 par goutte, c'est-à-dire 1280 par c. c.

MESDAMES A L'EMBOUTEILLAGE. — L'atelier d'embouteillage de Mesdames se trouve dans la halle d'expédition de la Compagnie.

La mise en bouteilles se fait, en contre-bas du sol des magasins, à un seul robinet où aboutit le branchement amorcé sur la conduite de Mesdames.

La distance de la source au lieu d'embouteillage est de 1350 mètres environ.

Le 5 août 1891, à 10 heures 10 du matin, la température de l'eau prise au robinet de remplissage était exactement de 17º4, la température de l'air étant 19º5 et la hauteur barométrique réduite à 0º, de 737.3.

Essai bactériologique de l'eau : 1º Au robinet d'embouteillage. Prélèvement fait le 5 août, à 10 heures 20 du matin, dans un flacon d'Erlenmeyer stérilisé. Ensemencement fait moins de 15 minutes après.

Trois boîtes de Pétri ont reçu chacune 1^{cc} d'eau et 15 c. c. de gélatine peptonisée.

Après 70 heures, le nombre de colonies développées était de :

10 colonies dans la 1re boîte.

9 — 2e —

8 — 3e —

Soit, au total, 27, ou 9 en moyenne par c. c.

2º *Dans les bouteilles.* — Après 24 heures de remplissage. Prélèvement fait dans la bouteille à l'aide d'une pipette stérilisée de 100^{cc} de capacité. Le contenu a été refoulé dans un flacon d'Erlenmeyer stérilisé. L'ensemencement a eu lieu moins de 15 minutes après.

Trois godets de Rietsch ont reçu chacun 1 goutte d'eau et 8 c. c. de gélatine peptonisée.

Moins de 50 heures après, le chiffre moyen de colonies par goutte s'élevait à 824, soit 16480 par c. c.

CONSIDÉRATIONS SUR L'EAU DE MESDAMES

L'examen bactériologique de l'eau de Mesdames présentait pour nous le plus grand intérêt; des numérations faites aux divers points de sa canalisation étaient indispensables pour déterminer avec précision les causes d'ensemencement de l'eau dans les tuyaux de conduite.

En traitant cette question pour la Grande-Grille et l'Hôpital nous avions émis l'hypothèse que la supériorité numérique des germes trouvés au robinet d'embouteillage de ces deux sources était due à la longueur des tuyaux qu'elle parcourait pour venir du griffen aux bâtiments d'exploitation de la Compagnie et que l'introduction des germes dans les tuyaux devait avoir la vasque pour origine.

Nos expériences sur Mesdames nous donnent pleinement raison.

Malgré la longueur relativement considérable de la conduite qui l'amène à l'atelier de remplissage et à la vasque l'eau conserve toute sa pureté. Cela tient évidemment à ce fait qu'à son point d'émergence il n'y a point de vasque, c'est-à-dire pas de réceptacle propre à recueillir les germes de l'air qui, une fois mouillés, tombent au fond de la vasque et cheminent de là vers les tuyaux d'adduction greffés en haut du tube ascensionnel.

A Mesdames, aucune communication, sauf l'extrémité ouverte du tube ascensionnel, n'existe avec l'air, et l'ensemencement, en admettant qu'il puisse avoir lieu par ce point, doit se borner à bien peu de chose car cette eau est la plus pure de celles que nous ayons examinées à Vichy.

Il est regrettable que son débit à la vasque soit si peu considérable, car il nous aurait permis de vérifier aussi nos hypothèses sur le diamètre des vasques.

Mais, étant donné sa faible capacité (10 litres au maximum), la vasque à laquelle se pressent de nombreux buveurs est souvent vide et, par suite, offre plus de surface aux germes de l'air. Malgré ces conditions défavorables pour un examen bactériologique, l'eau de la vasque est encore très pure. Il est vrai d'ajouter que la donneuse d'eau ne plonge pas le verre dans la vasque pour le remplir comme cela se pratique aux autres sources de l'Etat.

SOURCES DE CUSSET

Cusset, chef-lieu du canton auquel appartient Vichy, et à 3 kilomètres environ de cette dernière commune, renferme de nombreuses sources minérales auxquelles se rattache d'ailleurs la source de Mesdames par son origine. Les seules que nous ayons examinées, et au griffon seulement, sont les sources Sainte-Marie et Elisabeth appartenant à l'établissement thermal Sainte-Marie. Le propriétaire a mis tout en œuvre pour nous faciliter les prises d'essai particulièrement difficiles pour la source Elisabeth. Le temps et la distance ne nous ont pas permis d'en poursuivre l'étude dans les buvettes et à l'embouteillage.

SOURCE ELISABETH

Située à l'entrée de l'établissement thermal. Les essais de captage ont commencé en 1844 : le puits foré a 90 mètres de profondeur, mais la nappe est seulement à 83 mètres. En sortant du tube ascensionnel elle s'écoule dans une vasque métallique d'où partent deux tuyaux allant, l'un à la buvette, l'autre au robinet d'embouteillage.

Le 5 août 1891, à 4 heures 10 du soir, la température de l'eau prise à son point d'émergence était exactement de 16°5, la température de l'air étant de 17°3 et la hauteur barométrique (à Vichy) réduite à 0°, de 737.3.

Essai de l'eau à la vasque. — Prélèvement fait le 5 août, à 4 heures 30 du soir, à l'aide d'un compte-goutte stérilisé. Aspiration directe : ensemencement sur place. Le transport des godets a été opéré après refroidissement complet de la gélatine.

Quatre godets de Rietsch ont reçu chacun 10 gouttes d'eau et 8cc de gélatine peptonisée.

Après 70 heures, le nombre de colonies développées était de :

16 dans le 1er godet.
10 — 2e —
9 — 3e —
2 — 4e —

Soit, au total, 37, ou 19 en moyenne par c. c.

SOURCE SAINTE-MARIE

Située à cent mètres à l'est de la précédente, au fond d'un jardin dépendant de l'établissement thermal Sainte-Marie.

Le forage de son puits, terminé en 1849, a été poussé à 115 mètres de profondeur, mais la nappe d'eau minérale se trouve comprise entre 84 et 90 mètres.

Elle jaillit dans une petite vasque en métal abritée dans une construction recouverte d'un grillage en fer.

Le 5 août 1891, à 3 heures 50 du soir, la température de l'eau prise au robinet placé sur la longueur du tube ascensionnel et au-dessous de la vasque était exactement de 14°4, la température de l'air étant de 16° et la hauteur barométrique (à Vichy) réduite à 0°, de 737.3.

Essai de l'eau à la vasque. — Prélèvement fait le 5 août 1891, à 3 heures 55 du soir, en plein bouillon, à l'aide d'un compte-gouttes stérilisé. Aspiration directe. Ensemencement sur place. Le transport des godets a été fait comme pour les précédents.

Trois godets de Rietsch ont reçu chacun 10 gouttes d'eau et 8ᶜᶜ de gélatine peptonisée.

Après 50 heures, le nombre de colonies développées était de :

2 colonies dans le 1ᵉʳ ou 4 par c. c.
1   —   2ᵉ ou 2   —
1   —   3ᵉ ou 2   —

Soit, au total, 8 colonies pour 3 c. c., ou 3 en moyenne par c. c.

CONSIDÉRATIONS SUR LES EAUX DE CUSSET

Les deux sources que nous avons examinées sont très pures. La supériorité numérique des germes de la source Elisabeth tient à ce que le prélèvement n'a pu en être fait directement comme pour la source Sainte-Marie. Le propriétaire a dû, pour faciliter notre prise d'essai, faire vider le bassin de réception qui s'étend autour de la vasque, et ces travaux ont eu forcément pour résultat de produire à l'orifice même du tube ascensionnel un certain trouble qui n'a pu être dissipé complètement au moment de l'aspiration de l'eau au griffon.

La profondeur de leur puits est la même et leur débit est solidaire. Suivant des expériences qui ont été faites, le débit d'Elisabeth diminue lorsque l'on pompe à l'orifice du tube d'ascension de Sainte-Marie.

A cette source, où nous avons pu faire l'aspiration presque dans le tuyau ascensionnel, le nombre de colonies trouvé a été très minime.

Ce dernier essai démontre que plus on se rapproche de la nappe naturelle de la source, plus l'eau augmente de pureté. Il n'est pas douteux que si le prélèvement de toutes les eaux appartenant aux sources jaillissantes bien captées pouvait être fait dans le tubage, à une profondeur suffisante, alors que l'eau n'a pas encore subi le contact de l'air, l'absence de germes se vérifierait certainement.

A la limite de cette hypothèse, l'eau à sa nappe naturelle, ainsi que l'ont établi Pasteur et Joubert, doit donc être absolument stérile.

ÉTUDE SUR LA PROGRESSION DES COLONIES

DANS LES

Eaux Minérales de Vichy et de St-Yorre embouteillées

Nos premières expériences ont été faites sur les eaux chaudes, et nous avons choisi celle du Puits Chomel où le remplissage des bouteilles se fait aisément au robinet de la pompe.

Afin de supprimer les causes d'infection résultant de l'état microbien du récipient, le prélèvement a été opéré dans un flacon d'Erlenmeyer stérilisé.

Aussitôt la prise d'essai, nous avons commencé les ensemencements pour déterminer la quantité de germes qu'offrait l'eau à son griffon.

1er Essai. Après 5 minutes de prise. — Ensemencement le 9 juillet 1891, à 7 heures du matin.

Deux boîtes de Pétri ont reçu chacune 1cc d'eau et 15cc de gélatine peptonisée.

Après 50 heures, la moyenne des colonies obtenues par c. c. était de 26.

2e Essai. Après 12 heures de prise. — Ensemencement fait le 9 juillet à 7 heures du soir.

Deux godets de Rietsch ont reçu chacun 2 gouttes d'eau et 8cc de gélatine peptonisée.

Après 50 heures, le chiffre moyen des colonies développées était de 4, soit 40 par c. c.

3e Essai. Après 24 heures de prise. — Ensemencement fait le 10 juillet, à 7 heures du matin.

Deux godets de Rietsch ont reçu chacun 2 gouttes d'eau et 8ᶜᶜ de gélatine peptonisée.

Après 50 heures, le chiffre moyen des colonies développées était de 8, soit 80 par c. c.

4e Essai. Après 36 heures de prise. — Ensemencement fait le 10 juillet, à 7 heures du soir.

Deux boîtes de Pétri ont reçu chacune 1 goutte d'eau et 15ᶜᶜ de gélatine peptonisée.

Après 50 heures, le chiffre moyen des colonies développées était de 17 colonies, soit 340 par c. c.

5e Essai. Après 60 heures de prise. — Ensemencement fait le 11 juillet, à 7 heures du soir.

Deux boîtes de Pétri ont reçu chacune 1 goutte d'eau et 15ᶜᶜ de gélatine peptonisée.

Après 36 heures seulement de culture le chiffre moyen des colonies développées était de 3000, soit 60000 par c. c.

6e Essai. Après 72 heures, c'est-à-dire après trois jours d'embouteillage. — Ensemencement fait le 12 juillet, à 7 heures du matin.

Deux boîtes de Pétri ont reçu chacune 1 goutte d'eau et 15ᶜᶜ de gélatine peptonisée.

Moins de 36 heures après, le nombre de colonies développées est tellement considérable qu'il nous a fallu, pour obtenir un chiffre moyen, employer notre procédé arbitraire déjà décrit au sujet des numérations de la Grande-Grille et de l'Hôpital en bouteilles et qu'avait aussi nécessité le cinquième essai.

Le chiffre approximatif des colonies examinées à 40 D peut atteindre de 150 à 200000.

L'abondante prolifération des germes au 3e jour nous rendait toute numération ultérieure impossible.

Ces expériences faites dans un but d'exploration ne présentent aucune exactitude au point de vue de la progression réelle des germes. En effet, pour tous les ensemencements précédents nous avons opéré les prélèvements dans le même flacon et malgré la rapidité apportée dans l'aspiration au compte-gouttes, il est évident qu'à chaque prise d'essai l'air pénétrait dans le flacon et pouvait ensemencer l'eau qu'il contenait.

Pour les sources chaudes (Grande-Grille, Hôpital) et les sources froides de Saint-Yorre nous avons procédé nous mêmes au remplissage d'une série de flacons, en évitant un contact trop prolongé de l'air, et l'eau d'un flacon n'a servi que pour un seul essai.

PROGRESSION DES GERMES
DANS L'EAU DE LA GRANDE-GRILLE

Prélèvement opéré le 1er août, à 4 heures du soir. Toutes les opérations de l'embouteillage ont eu lieu sous le hangar des bâtiments d'exploitation de la Compagnie, à l'endroit même où se fait le remplissage des bouteilles.

Comme récipients, nous avons employé des flacons en verre blanc de 250cc de capacité à petite ouverture.

Les flacons, parfaitement lavés et séchés, ont été bouchés avec un tampon d'ouate ; une ficelle passée autour du goulot enserrait à son extrémité libre un bouchon de liège pouvant en fermer exactement l'ouverture.

Ainsi préparés, les flacons enveloppés de papier à filtrer ont été portés au four à flamber de Pasteur et maintenus 25 à 30 minutes à une température de 130 à 140°.

Pour le remplissage, on enlève le tampon d'ouate et après avoir flambé le goulot on procède au remplissage aussi complet que possible de façon à ce qu'il ne reste pas d'air dans le goulot du flacon. On flambe le bouchon de liège, on l'enfonce et on le coupe avec un couteau dont la lame a été stérilisée à la flamme. Cette opération terminée, on cachète à la cire fine après avoir essuyé et flambé le goulot. Les six flacons, ainsi préparés, après avoir reçu des numéros d'ordre de 1 à 6, ont été rapportés au laboratoire pour servir aux expériences de progression des colonies.

1° *Essai de l'eau après 24 heures d'embouteillage,* — Prélèvement fait le 2 août 1891, à 4 heures du soir, au centre du flacon n° 1, à l'aide d'une pipette de 2cc divisée en dixièmes.

Deux boîtes de Pétri ont reçu chacune 1cc d'eau et 15cc de gélatine peptonisée.

Après 50 heures, le nombre de colonies développées était de :

12 dans ls 1re boîte.

8 — 2e —

Soit, au total, 20, ou 10 en moyenne par c. c.

Pas de colonies liquéfiantes.

Dans une expérience faite le 4 juillet 1891, au robinet d'embouteillage, le nombre de colonies trouvées avait été de 69 par c. c. Cette progression décroissante, après 24 heures de remplissage, est plus apparente que réelle, car l'eau reposant depuis le moment de la prise a pu laisser déposer ses germes au fond du flacon qu'on a toujours évité de remuer avant le prélèvement.

2° Essai après 48 heures d'embouteillage. — Prélèvement fait le 3 août 1891, à 4 heures du soir, au centre du flacon n° 2.

Trois godets de Rietsch ont reçu un nombre de gouttes tel que leur total équivaut à 1^{cc} et 8^{cc} de gélatine peptonisée.

Après 60 heures, le nombre de colonies développées était de :

300 dans le 1er godet qui a reçu 4 gouttes d'eau.

533 — 2e   —   6 —

795 — 3e   —   10 —   Soit, au

total, 1628 par c. c.

Pas de colonies liquéfiantes.

3° Après 4 jours d'embouteillage. — Prélèvement fait le 5 août, à 4 heures du soir, au centre du flacon n° 3.

Deux boîtes de Pétri ont reçu chacune 1 goutte d'eau et 15^{cc} de gélatine peptonisée.

Le chiffre moyen de colonies obtenues après 50 heures, a été de 4900, soit 98000 par c. c.

Les colonies liquéfiantes apparaissent.

4° Après 8 jours d'embouteillage. — Prélèvement fait le 9 août, à 4 heures du soir, au centre du flacon n° 4.

Deux boîtes de Pétri ont reçu chacune 1 goutte d'eau et 15^{cc} de gélatine peptonisée.

Le chiffre moyen de colonies développées, après 50 heures, était de 5000 environ, soit 100000 par c. c.

Beaucoup de colonies liquéfiantes.

5° Après 15 jours d'embouteillage. — Prélèvement fait le 16 août, à 4 heures du soir, au centre du flacon n° 5.

Deux boîtes de Pétri ont reçu chacune 1 goutte d'eau et 15^{cc} de gélatine peptonisée.

Après 50 heures, le chiffre moyen de colonies développées était de 5400 pour une goutte, soit 108000 par c. c.

Beaucoup de colonies liquéfiantes.

6° *Après un mois d'embouteillage.* — Prélèvement fait le 1er septembre à 4 heures du soir, au centre du flacon n° 6.

Deux boîtes de Pétri ont reçu chacune 1 goutte d'eau et 15cc de gélatine peptonisée.

Après 50 heures, le chiffre moyen de colonies était de 2900, soit 58000 par c. c. ; près de la moitié sont liquéfiantes.

PROGRESSION DES GERMES DANS L'EAU DE L'HOPITAL

On a procédé au robinet d'embouteillage de l'Hôpital, comme à celui de la Grande-Grille, au remplissage de 6 flacons devant servir comme les précédents à des expériences similaires.

Les essais ont été faits parallèlement avec ceux de la Grande-Grille.

1° *Essai après 24 heures d'embouteillage.* — 2 août, 4 heures du soir. Deux boîtes de Pétri ont reçu chacune 1 goutte d'eau et 15cc de gélatine peptonisée.

Après 50 heures, le nombre de colonies développées était de :

$$9 \text{ dans la 1re boîte.}$$
$$7 \quad - \quad 2e \quad -$$

Soit, au total, 16 ou 8 par c. c.

Même observation que pour l'essai n° 1 de la Grande-Grille.

2° *Essai après 48 heures d'embouteillage.* — 3 août, 4 heures soir. Trois godets de Rietsch ont reçu un nombre de gouttes tel que le total équivaut à 1cc et 8cc de gélatine peptonisée.

Après 60 heures, le nombre de colonies développées était de :

$$132 \text{ dans le 1er godet à 4 gouttes d'eau.}$$
$$167 \quad - \quad 2e \quad - \quad 6 \quad -$$
$$328 \quad - \quad 3e \quad - \quad 10 \quad -$$

Soit 627 par c. c.

3° *Essai après 4 jours d'embouteillage.* — 5 août, 4 heures soir. Deux godets de Rietsch ont reçu chacun 1 goutte d'eau et 8cc de gélatine peptonisée.

Après 60 heures, le chiffre moyen de colonies développées était de 513, soit 10260 par c. c.

Pas de colonies liquéfiantes.

4º *Essai après 8 jours d'embouteillage.* — 9 août, 4 heures soir. Deux boîtes de Pétri ont reçu chacune 1 goutte d'eau et 15ᶜᶜ de gélatine peptonisée.

Le chiffre moyen des colonies développées, après 50 heures, était de 450, soit 9000 par c. c.

Pas de colonies liquéfiantes.

5º *Essai après 15 jours d'embouteillage.* — 16 août, 4 heures soir. Deux boîtes de Pétri ont reçu chacune 1 goutte d'eau et 15ᶜᶜ de gélatine peptonisée.

Après 50 heures le chiffre de colonies développées s'élevait en moyenne à 170, soit 3400 par c. c.

Pas de colonies liquéfiantes.

6º *Essai après 1 mois d'embouteillage.* — 2 septembre, 4 heures soir. Deux boîtes de Pétri ont reçu chacune 1 goutte d'eau et 15 c. c. de gélatine peptonisée.

Le chiffre moyen de colonies développées après 50 heures était de 21, soit 420 par c. c.

Présence de colonies liquéfiantes.

PROGRESSION DES GERMES
DANS LES EAUX FROIDES DE SAINT-YORRE

L'étude en a été faite dans l'eau d'une des Sources Mallat, et nous avons choisi pour le prélèvement la plus ancienne à cause de la facilité de faire le remplissage à l'extrémité du tuyau ascensionnel.

Le 23 juillet 1891, à 3 heures 30 du soir, 5 flacons de 250ᶜᶜ stérilisés ont été remplis d'eau minérale, bouchés et cachetés dans les conditions d'embouteillage précédemment décrites et rapportés au laboratoire où ils ont été enfermés dans une armoire à l'abri de la poussière.

1º *Examen de l'eau après 24 heures d'embouteillage.* — Expérience faite le 24 juillet, à 3 heures 30 du soir. Prélèvement opéré au centre du flacon nº 1.

Deux boîtes de Pétri ont reçu chacune 1ᶜᶜ d'eau et 15ᶜᶜ de gélatine peptonisée.

Le nombre de colonies développées après 60 heures était de :

24 dans la 1ʳᵉ boîte.

<u>20</u>   —   2ᵉ   —

Soit, au total, 44, ou 22 en moyenne par c. c.

L'ensemencement de l'eau au griffon avait donné 6 colonies par c. c.

2º *Examen de l'eau après 48 heures d'embouteillage.* — Expérience faite le 25 juillet, à 3 heures 30 du soir, sur l'eau du flacon nº 2.

Deux godets de Rietsch ont reçu le 1ᵉʳ 1 goutte d'eau ; le 2ᵉ 2 gouttes et chacun 8ᶜᶜ de gélatine peptonisée.

Après 60 heures, le nombre de colonies développées était de :

1 dans le 1ᵉʳ godet, soit 20 par c. c.

3 — 2ᵉ — 30 —

Soit, au total, 50, ou 25 en moyenne par c. c.

3º *Examen de l'eau après 4 jours d'embouteillage.* — Expérience faite le 27 juillet, à 3 heures 30 du soir, sur l'eau du flacon nº 3.

Trois godets de Rietsch ont reçu le 1ᵉʳ 4 gouttes ; le 2ᵉ 6 gouttes ; le 3ᵉ 10 gouttes et chacun 8ᶜᶜ de gélatine peptonisée.

Après 70 heures, le nombre de colonies développées était de :

4 dans le 1ᵉʳ godet.

1 — 2ᵉ —

2 — 3ᵉ —

Soit, au total, 7 par c. c.

4º *Examen de l'eau après 8 jours d'embouteillage.* — Expérience faite le 31 juillet, à 3 heures 30 du soir, sur l'eau du flacon nº 4.

Trois godets de Rietsch ont reçu : le 1ᵉʳ, 4 gouttes, le 2ᵉ, 6 gouttes, le 3ᵉ. 10 gouttes d'eau minérale et chacun 8ᶜᶜ de gélatine peptonisée.

Après 65 heures, le nombre de colonies développées était de :

2 dans le 1ᵉʳ godet.

2 — 2ᵉ —

2 — 3ᵉ —

Soit, au total, 6 colonies par c. c.

5º *Examen de l'eau après 15 jours d'embouteillage.* — Expérience faite le 7 août, à 3 heures 30 du soir, sur l'eau du flacon nº 5.

Trois godets de Rietsch ont reçu : le 1er, 4 gouttes ; le 2me, 6 gouttes ; le 3e, 10 gouttes d'eau minérale et chacun 8cc de gélatine peptonisée.

Après 36 heures seulement d'ensemencement, le nombre de colonies développées était de :

$$800 \text{ dans le } 1^{er} \text{ godet.}$$
$$1000 \quad — \quad 2^e \quad —$$
$$1960 \quad — \quad 3^e \quad —$$

Soit, au total, 3760 par c. c.

3e Examen de l'eau après un mois d'embouteillage. — Expérience faite avec l'eau du flacon n° 4 débouché le 31 juillet et recacheté immédiatement après la prise d'essai qui nous avait donné 6 colonies.

Trois godets de Rietsch ont reçu chacun 1 goutte d'eau et 8cc de gélatine peptonisée.

Après 72 heures d'ensemencement, le nombre de colonies développées n'était que de :

$$13 \text{ dans le } 1^{er} \text{ godet.}$$
$$10 \quad — \quad 2^e \quad —$$
$$10 \quad — \quad 3^e \quad —$$

Soit, au total, 33 ou 11 en moyenne par goutte, c'est-à-dire : 220 par c. c.

Une dernière expérience faite sur l'eau du flacon précédent, mais après agitation de la masse, nous a donné une moyenne de 18440 colonies par c. c.

DISCUSSION DES RÉSULTATS

La conclusion qui se dégage tout d'abord des numérations faites sur l'eau embouteillée est que la stérilisation des récipients n'entrave pas la progression des colonies préexistant dans l'eau prise au Griffon ; elle ne fait que supprimer celle des colonies existant naturellement dans les eaux douces employées au lavage des bouteilles.

L'observation des résultats auxquels nous conduit l'examen comparatif des eaux chaudes et des eaux froides démontre d'une façon suffisante que la progression croissante des eaux embouteillées est proportionnelle à la température qu'elles ont à l'émergence. De nombreux essais pourraient permettre de déterminer approximativement la raison de cette progression.

Toutes circonstances égales d'ailleurs, il semble que le nombre des germes augmente jusqu'au 15e jour, époque où il atteint souvent son maximum ; du 15e jour au 30e jour il se produirait une décroissance inversement proportionnelle à la température de l'eau à l'émergence.

Cette décroissance calculée d'après le rapport des numérations du 15e au 30e jour serait de :

46 pour 100 pour la Grande-Grille

88 pour 100 pour l'Hôpital.

94 pour 100 pour Saint-Yorre.

Il resterait donc après 1 mois d'embouteillage :

Dans l'eau de la Grande-Grille : 54 0/0 des germes existant au 15e jour.

Dans l'eau de l'Hôpital : 12 0/0 des germes existant au 15e jour.

Dans l'eau de Saint-Yorre : 6 0/0 des germes existant au 15e jour.

La diminution des germes est donc, comme leur augmentation, fonction de la température, mais à égalité de temps la 2me est plus rapide que la première.

Des essais comparatifs faits sur l'eau minérale embouteillée reposée et agitée montrent enfin que les germes ont une tendance à occuper le fond et les parois des récipients ; ce sont évidemment ces points morts qui se prêtent le mieux à leur prolifération.

En nous basant sur les numérations faites dans les eaux embouteillées des différentes sources de Vichy, nous pensons que le nombre de 250 germes par c. c. réclamé pour les eaux minérales en bouteilles par Reinl et Minges est trop peu élevé pour des eaux alcalines et le chiffre de 500 que nous admettons par c. c. est un minimum qui sera trop souvent dépassé.

EAUX DOUCES DE VICHY

Les eaux douces servant à l'alimentation des habitants de Vichy, sont de trois sortes.

1o Eau de rivière.

2o Eau de source.

3o Eau de puits.

L'eau de rivière utilisée provient de l'Allier sur la rive droite duquel s'étend la ville de Vichy. La prise en est faite à environ 800 mètres au dessus des Célestins. L'eau est montée par une pompe à feu installée sur la berge assez élevée au réservoir des Garets dont le niveau est sensiblement à 23 mètres au-dessus de l'étiage de la rivière.

De là elle est distribuée par des tuyaux en fonte à différentes bornes-fontaines où elle jaillit sous la pression d'un bouton s'appuyant sur la fermeture automatique du robinet.

Ces bornes-fontaines sont établies dans les rues et carrefours de la ville à environ 150 mètres de distance les unes des autres.

NUMÉRATIONS FAITES DANS L'EAU DE L'ALLIER

1º Au milieu de la rivière, en face de la prise d'eau. — L'eau a été prélevée le 28 août à 4 h. 20 du soir, à 0m40 de profondeur dans un flacon d'Erlenmeyer stérilisé qu'on a ouvert et fermé sous l'eau. L'ensemencement a eu lieu environ une demi-heure après.

Trois boîtes de Pétri ont reçu chacune 1 goutte d'eau et 10cc de gélatine peptonisée.

Après 40 heures seulement d'ensemencement les colonies liquéfiantes nombreuses nous ont obligés à faire la numération.

Le chiffre moyen des colonies trouvées dans les trois boîtes était de 26 par goutte, soit 520 par c. c.

2º A l'endroit de la prise d'eau et à 2 mètres environ du bord de la rivière. — Prélèvement fait à la même heure et dans les mêmes conditions que le précédent.

Trois boîtes de Pétri ont reçu chacune 1 goutte d'eau et 10cc de gélatine peptonisée.

Après 40 heures le chiffre moyen des colonies trouvées dans les 3 boîtes était de 50, soit 1000 colonies par c. c.

Presque toutes sont liquéfiantes.

3º Eau prise au robinet de la fontaine placée dans le bâtiment de la pompe. — Prélèvement fait le même jour que le précédent. Trois boîtes de Pétri ont reçu chacune 1 goute d'eau et 10cc de gélatine peptonisée.

Après 40 heures, le chiffre moyen des colonies développées était de 27, soit 540 colonies par c. c.

4º Eau de la borne-fontaine des Quatre-chemins. — Prélèvement le 26 juin à 9 h. 30 du matin.

Trois boîtes de Pétri ont reçu chacune 1 goutte d'eau et 10cc de gélatine peptonisée.

Après 48 heures, le chiffre moyen des colonies développées était de : 123 soit 2460 par c. c.

5º *Borne-fontaine du bâtiment A de l'Hôpital militaire.* — Ensemencement le 26 mai 1891 à 10 heures du matin dans 3 boîtes de Pétri de 4, 2, 1 gouttes d'eau et de 10ᶜᶜ de gélatine peptonisée.

Après 48 heures le nombre des colonies développés était de :

491 dans la 1ʳᵉ ensemencée à 4 gouttes.
244   —   2ᵉ   —   2 —
122   —   3ᶜ   —   1 —

Soit en moyenne 2445 par c. c.

6º *Borne-fontaine du bâtiment B de l'Hôpital militaire.* — Prélèvement le 30 mai à 10 heures du matin.

Trois boîtes de Pétri ont reçu chacune 1 goutte d'eau et 10ᶜᶜ de gélatine peptonisée.

Le chiffre moyen des colonies trouvées par goutte était de : 145, soit : 2900 par c. c.

Ces cultures renferment toutes de grosses et nombreuses colonies liquéfiantes.

EAU DE SOURCE

La seule utilisée à Vichy est celle de la Font-Fiolant, dont la distribution se fait par 3 bornes-fontaines seulement.

Le prélèvement a été opéré à celle de la place de l'Hôpital le 26 août à 11 heures du matin.

Trois boîtes de Pétri ont reçu chacune 1 goutte d'eau et 10ᶜᶜ de gélatine peptonisée.

Le chiffre moyen des colonies obtenues par goutte, 48 heures après l'ensemencement, était de : 46, soit : 920 par c. c.

Pas de colonies liquéfiantes.

EAUX DES PUITS

Les puits sont de deux sortes :

1º Les puits d'eau minéralisée.

2º Les puits d'eau douce.

Les premiers ne servent pas à l'alimentation, les seconds, comprenant des puits particuliers et des puits communs, sont les seuls que nous ayons examinés.

1º *Puits commun de la place Sévigné.* — Prélèvement le 28 août à 5 heures du soir dans un flacon d'Erlenmeyer stérilisé, ensemencement 10 minutes après environ.

Trois boîtes de Pétri ont reçu chacune 1 goutte d'eau et 10^{cc} de gélatine peptonisée.

Après 50 heures, le chiffre moyen de colonies développées était de 27 pour une goutte, soit : 540 par c. c.

Pas de colonies liquéfiantes.

2° Puits de t'Hôpital militaire. — Ensemencement le 30 ma₁ à 10 h. du matin. La moyenne de 3 numérations dans des boîtes renfermant chacune 1 goutte d'eau et 10^{cc} de gélatine peptonisée était après 48 heures, de 120, soit 2400 par c. c.

3° Puits particulier de M. Quilleret, 20, rue de Paris prolongée. — Ensemencement du 29 août, 11 heures du matin. La moyenne de 3 numérations, dans des boîtes renfermant chacune 1 goutte d'eau et 10^{cc} de gélatine peptonisée, était après 48 heures, de 71, soit, 1420 par c. c.

CONSIDÉRATION SUR LES EAUX DOUCES

En se plaçant simplement au point de vue bactériologique, sans entrer dans la composition chimique des eaux servant à l'alimentation de Vichy, on peut dire que l'eau de l'Allier qui est la plus employée dans la consommation est relativement pure.

En effet, prise au milieu de son lit, elle ne contient que 500 colonies environ par c. c.

A côté de la berge, où la prise est faite, ce nombre s'élève à 1000 par c. c.

La nécessité s'impose de faire la prise d'eau au milieu de la rivière. Il suffirait de prolonger le tuyau d'aspiration de quelques mètres pour avoir une eau plus limpide et plus pure.

Nous ne sommes pas d'avis d'augmenter la capacité du réservoir des Garets dont la contenance de 1700 mètres cubes suffit pour la consommation de 24 heures ; vouloir le faire, c'est favoriser le développement des colonies existant dans l'eau prise à son lit.

L'examen de l'eau prise à différentes bornes-fontaines montre que la progression des germes est rapide puisque leur nombre est environ 5 fois plus grand que dans la rivière même ; prolonger son séjour dans le réservoir serait une opération qui lui ferait gagner en limpidité mais qui la rendrait encore plus impure.

L'établissement d'un filtre à éponges ou à gravier mélangé de charbon lui donnerait la limpidité et augmenterait sa pureté.

L'eau de la Font-Fiolant est plus pure que l'eau de l'Allier prise aux bornes-fontaines ; cela tient à la non interruption de son écoulement, mais il paraît que la grande proportion de sels calcaires qu'elle renferme lui fait préférer l'eau de la rivière.

Parmi les puits, celui de la place Sévigné donne une eau très pure ; les puits particuliers approchent ou atteignent le chiffre des colonies de l'eau des bornes-fontaines.

L'examen de la nature des micro-organismes qu'ils renferment pourrait seul fixer sur leur inocuité.

DESCRIPTION DES COLONIES OBSERVÉES ET MORPHOLOGIE DES ÉLÉMENTS QU'ELLES RENFERMENT

Dans le nombre des colonies contenant le même micro-organisme, le choix d'une colonie type est fort difficile, sinon impossible à faire, lorsque l'on considère les variétés morphologiques qu'elle présente dans le même milieu de culture, suivant qu'elle est à la surface, ou dans la profondeur de la gélatine, ou bien qu'on l'observe à un âge différent de son développement.

Pour la définir nettement, il est indispensable de la décrire telle qu'on l'a observée après un temps déterminé de culture, à une température invariable, et dans le milieu qui a servi à sa production.

Il est rare que la forme d'une colonie reste constamment identique à elle-même, et il faut choisir pour sa description celle qu'on a rencontrée le plus communément.

Dès le début de notre travail et après chacune des numérations qui comportaient trois ensemencements nous avons fait dans chaque boîte ou godet l'examen minutieux des colonies développées.

Ces cultures, ayant été faites dans les mêmes conditions et à la même température, nous donnaient des colonies identiques, à tel point que souvent un simple examen à l'œil nu nous permettait de prévoir l'élément micro-organique dont elles étaient composées ; mais, si l'on refait un ensemencement de la même eau dans un milieu semblable au premier, alors on ne retrouve souvent qu'avec peine la forme primitivement observée.

On peut voir alors combien cette étude est délicate et fatigante et à quelles déceptions on arrive parfois lorsqu'on fait suivre l'examen de la colonie qu'on croyait reconnaître de celui des micro-organismes entrant dans sa composition.

Telle colonie non fluidifiante dans le premier ensemencement l'est dans le deuxième, telle autre composée de bacilles, ne renferme plus que des micrococques. Et pourtant l'aspect de la culture est le même, la réticulation de la surface subsiste tout entière ; de là ces difficultés sans nombre pour parvenir à les grouper.

La marche suivie dans l'étude descriptive des colonies a été la suivante : après chaque numération dans une boîte ou un godet l'inspection rapide des colonies est faite sous le microscope à un grossissement de 40 D. On note avec soin, la couleur, la tranparence, la fluidification, et on la dessine grossièrement de manière à fixer sur le papier certains détails de surface. Aussitôt après, à l'aide d'un fil de platine stérilisé, on puise au centre de l'îlot une parcelle de colonie que l'on délaie sur une lame porte-objet dans une goutte de solution peu concentrée de bleu de méthylène, puis la préparation recouverte de sa lamelle est examinée à l'objectif à immersion au grossissement invariable de 680 D (objectif 9 et oculaire 1). La forme du micro-organisme est consignée à côté de la colonie d'où il provient.

Pour chaque eau minérale prise au griffon et dans les bouteilles l'examen microscopique des colonies a suivi leur développement. Nous avons pu ainsi acquérir des notions assez exactes sur la description des micro-organismes que l'on y rencontre le plus fréquemment.

Les dessins de colonies ne pouvant servir qu'à celui qui les a observées nous avons jugé inutile de les reproduire, d'autant plus qu'ils n'ajoutent rien à la description qui en est faite ; quant à ceux des micro-organismes qui les composent, tous ceux qui s'occupent de bactériologie savent parfaitement ce que c'est qu'un bacille ou un micrococque sans qu'il soit besoin d'en donner la forme avec absence complète de mensuration.

Toutes les descriptions de colonies se rapportent à celles que nous avons observées 72 heures après l'ensemencement de l'eau du griffon ou 48 heures après celui de la même eau embouteillée.

GRANDE-GRILLE

A. au Griffon.—1° Colonie blanche, porcelanique, nacrée, de 1 à 2 millimètres, parfaitement circulaire, à bords réguliers bien limités, se détachant facilement de la gélatine qu'elle pénètre sans la fluidifier, composée de macrocoques présentant nettement une ponctuation centrale ; ces colonies sont nombreuses.

2º. Colonie jaune grisâtre, de 1/4 à 1/2 millimètre de diamètre, à contours réguliers, ne liquéfiant pas la gélatine sur laquelle elle fait saillie, composée de bacilles courts 2 à 3 fois plus longs que larges se colorant très bien par le bleu de méthylène.

3º. Colonie circulaire blanc grisâtre de 4 à 5 millimètres de diamètre, liquéfiant rapidement la gélatine, composée de bacilles assez gros dont quelques uns sectionnés 4 à 5 fois plus longs que larges.

4º. Colonie jaune grisâtre de 1 à 2 millimètres de diamètre, circulaire ou irrégulière, à surface chagrinée, non liquéfiante, composée de microcoques presque toujours accouplés (diplocoques) ou réunis par nombre pair, de façon à former des streptocoques peu allongés. Cette colonie est cornée, et se détache facilement de la gélatine sur laquelle elle laisse une véritable cupule.

5º. Colonie blanc grisâtre, irrégulière, semblable à de l'empois d'amidon, faisant saillie sur la gélatine, surface chagrinée comme de la peau de crocodile, composée de bacilles grêles, allongés, dont beaucoup présentent un sectionnement de 2 et quelquefois 3 parties.

Cette colonie, ensemencée en strie, dans un tube à gélatine oblique, donne 8 jours après une culture épaisse, d'un blanc jaunâtre, s'élargissant bien au delà de la ligne d'ensemencement et composée de bacilles grêles, très-déliés, se colorant bien par le bleu de méthylène.

B. dans les bouteilles. — 48 heures après l'embouteillage. La majorité des colonies, on pourrait dire la totalité, se rapporte à deux types déjà décrits : le nº 3, colonie grisâtre liquéfiante, composée de bacilles ; le nº 4, colonie grisâtre non liquéfiante, composée de diplocoques quelquefois désunis pour donner des microcoques isolés, ou soudés de façon à former des chaînettes de 2 ou 4, mais rarement de 5 éléments.

L'élément dominant dans l'eau de la Grande-Grille embouteillée est le bacille fluidifiant de la colonie nº 3.

La recherche des micro-organismes existant dans l'eau de la Grande-Grille a été faite dans l'atmosphère poussiéreuse de la galerie des sources par le moyen suivant :

Avec de l'eau du griffon de la Grande-Grille et 1/10 de gélatine nous avons fait une solution qui a été stérilisée à l'autoclave de Chamberland, on a versé ensuite dans des godets stérilisés une petite quantité de ce bouillon et les godets enveloppés dans du papier à filtrer ont été transportés à la galerie des sources et exposés quelques minutes à l'air intérieur. Ces godets, placés dans la chambre humide, n'ont pas tardé à se couvrir de colonies dans lesquelles nous avons reconnu au 1er examen, par ordre numérique, la colonie liquéfiante n° 3, la colonie n° 2 non liquéfiante, toutes deux bacillaires, la colonie n° 4 à diplocoques, la colonie n° 1 à macrocoques, et enfin des colonies jaunes de sarcines.

Cette expérience vérifie l'ensemencement de l'eau de la vasque par les poussières de l'atmosphère qui l'entoure.

HOPITAL

A. Au Griffon. — 1° Petites colonies gris jaunâtres, de 1mm de diamètre, irrégulièrement sphériques et comme formées de segments écartés, reliés par leurs centres, composées de petits bacilles analogues à la colonie n° 5 de la Grande-Grille. Non liquéfiantes.

2° Petites colonies jaunes, lenticulaires, de 1 à 2mm de diamètre, composées de bacilles courts sectionnés. Analogues à la colonie n° 2 de la Grande-Grille. Non liquéfiantes.

3° Colonies mates, peu épaisses, non liquéfiantes, ayant l'aspect de moisissures, de 2 à 3mm de diamètre, irrégulières, festonnées sur les bords, composées de bacilles grêles, longs ou sectionnés, brisés ou incurvés, rarement droits.

Ces colonies abondent dans le trop-plein de la Source.

4° Petites colonies jaunâtres, lenticulaires, situées à l'intérieur de la gélatine, composées de diplocoques. Analogues à la colonie n° 4 de la Grande-Grille.

Nous n'avons pas observé dans l'eau du griffon la colonie liquéfiante n° 4 de la Grande-Grille.

B. Eau des bouteilles. — Par ordre numérique, les colonies rencontrées sont :

1° Colonie à surface craquelée, composée de bacilles grêles, tordus ou incurvés, analogue à la colonie n° 3 du griffon. Non liquéfiante.

2º Colonie circulaire, chagrinée, en saillie sur la gélatine, bleuâtre par transparence, composée de diplocoques. Non liquéfiante.

3º Colonie à surface sphérique, segmentée, composée de bacilles sectionnés, analogue à la colonie nº 1 du griffon. Non liquéfiante.

4º Colonie circulaire, grisâtre, liquéfiante, composée de gros bacilles courts, transparents, analogue à la colonie bacillaire liquéfiante nº 4 de la Grande-Grille.

La colonie nº 2 ensemencée en strie dans un tube à gélatine oblique a donnée une culture blanc jaunâtre, cornée, composée de diplocoques.

La colonie nº 1 ensemencée en strie dans un tube à gélatine oblique, a fourni une culture blanche, peu épaisse, brillante, renfermant l'élément observé dans la colonie.

Les deux Sources thermales de Vichy semblent différer par la nature et le nombre des micro-organismes qu'elles renferment.

Le bacille de la Grande-Grille au griffon serait fluidifiant.

Celui de l'Hôpital ne le deviendrait que dans les bouteilles et surtout après 15 jours de remplissage ; c'est du moins ce que nous avons observé.

Les Sources tièdes et froides renferment les mêmes colonies que les sources chaudes, sauf pourtant la colonie nº 1 de l'Hôpital, qui ne paraît exister qu'au griffon de cette Source.

La forme des colonies change, mais les éléments qui les composent restent les mêmes.

Toutes peuvent être ramenées à 4 types distincts :

1º Colonies à diplocoques, non liquéfiantes, d'un gris jaunâtre ou brunâtre, à surface tantôt lisse, tantôt chagrinée, tantôt rayée à la périphérie, généralement circulaires, quelquefois irrégulières et mamelonnées, en saillie ou dans la profondeur de la gélatine, très nombreuses dans toutes les eaux minérales observées.

2º Colonies bacillaires, liquéfiantes, grisâtres, circulaires, composées de bacilles grêles sectionnés. Très nombreuses dans les eaux embouteillées ; très rares dans les eaux prises au griffon, sauf la Grande-Grille.

3º Colonies blanches, peu épaisses, non liquéfiantes, à bacilles grêles, tordus ou incurvés, ou brisés. Assez abondantes.

4º Colonies grises, épaisses, non liquéfiantes, formées de bacilles gros et courts. Peu abondantes.

CONSIDÉRATIONS SUR LE DÉVELOPPEMENT ET LE GENRE DES COLONIES TROUVÉES DANS LES EAUX MINÉRALES DU BASSIN DE VICHY

Plus une eau est pure, plus les colonies mettent de temps à se développer ; réciproquement, plus l'eau est impure, plus l'apparition des colonies est rapide.

Aucune, à son griffon et après 60 heures d'ensemencement, sauf la Grande-Grille et les eaux contaminées par l'Allier, ne donne de colonies liquéfiantes. Mais dans les bouteilles, même stérilisées, les colonies liquéfiantes apparaissent bientôt.

Les eaux froides pures renferment surtout des microcoques, disposés par deux (diplocoques), ou en série d'éléments pairs (streptocoques peu allongés).

Les colonies à diplocoques ne fluidifient pas la gélatine, du moins au début de la culture, et les colonies qui la liquéfient rapidement sont toutes à bacilles.

C'est le contraire de ce qui se passe pour les eaux de l'Allier, dont les colonies liquéfiantes sont généralement composées de microcoques.

COLONIES DE L'ALLIER

1° Colonies brunes, petites, sphériques, liquéfiant la gélatine, composées de microcoques.

2° Colonies grisâtres, circulaires, liquéfiant rapidement la gélatine, composées de bacilles un peu plus longs que larges.

3° Colonies grisâtres, à centre brun, d'un diamètre intermédiaire à ceux des précédentes, liquéfiantes, composées de microcoques.

4° Colonies granuleuses, d'aspect montagneux, non liquéfiantes, composées de bacilles allongés, montrant dans leur intérieur une sporulation très marquée. Rares sur les plaques d'ensemencement. Les cultures que donne ce bacille sur gélatine et sur pommes de terre sont peu épaisses, limitées aux points d'ensemencement et semblent se rapprocher beaucoup de celles du *Bacillus coli communis*.

Les eaux des Célestins et du Puits du Parc renferment à leur griffon de nombreuses colonies liquéfiantes tout à fait semblables à celles que l'on rencontre dans les eaux de l'Allier.

Ces éléments, qu'on ne rencontre dans aucune eau minérale du bassin de Vichy, démontrent d'une façon presque irréfutable l'infiltration de ces Sources par l'Allier qui les avoisine.

CLASSIFICATION DES EAUX MINÉRALES DE VICHY PAR ORDRE DE PURETÉ MICROBIENNE

Le but de cette classification n'est pas de donner à des eaux minérales, ayant la même origine et une composition chimique analogue, une place invariable basée sur le nombre de germes qu'elles contiennent à leur émergence, mais plutôt de faire ressortir quelles sont les causes qui peuvent déterminer leur richesse en bactéries.

L'échelle de pureté que nous publions ne saurait donc être éternelle, car telle Source qui occupe aujourd'hui un degré inférieur, pourra, grâce aux perfectionnements apportés à son mode de captage, arriver aux premiers échelons, sans qu'il soit nécessaire pour cela, de modifier profondément celui qu'il présente en ce moment.

Nous avons voulu attirer l'attention des propriétaires de Sources minérales sur certaines défectuosités de construction soulignées par des numérations que nous croyons exactes et auxquelles nous avons consacré tous nos soins.

Il est indispensable dans cette classification bactérienne d'adopter les divisions que nous avons établies au début de ce travail, en eaux chaudes, tièdes et froides, quoique la température si elle joue un rôle dans la progression des germes de l'eau embouteillée, n'ait aucune influence sur la quantité que les Sources accusent à leur griffon.

On verra, en effet, dans le tableau qui va suivre, que si les eaux chaudes sont moins pures que les eaux tièdes ou froides, cela tient plutôt aux conditions dans lesquelles se fait l'ensemencement à l'émergence qu'à la température élevée qui les caractérise.

Nous avons reconnu par des observations nombreuses, et que l'expérience a confirmées, deux facteurs principaux d'impureté des eaux à leur griffon :

1° *Le mode de captage*, et nous entendons par ce mot l'arrivée de l'eau à la surface du sol par jaillissement naturel ou par l'intermédiaire d'une pompe.

2º *Le mode de réception*, s'appliquant au jaillissement de l'eau dans une vasque ou par un robinet.

Pour la facilité des recherches relatives à la température des eaux minérales de Vichy, nous mettrons en regard de chaque Source le degré thermométrique que nous avons relevé à l'émergence, c'est-à-dire au point le plus rapproché et le plus accessible de son griffon.

TABLEAU

Résumant la température, la teneur microbienne, le procédé de captage, et le mode de réception des Sources minérales de Vichy, Saint-Yorre, Hauterive et Cusset.

	NOM DE LA SOURCE	Température	TENEUR Microbienne	Mode d'arrivée DE L'EAU	MODE DE réception
Sources chaudes de 30º à 45º	Grande-Grille.	41º8	8	Jaillissement naturel	Vasque
	Hôpital.	33º6	18	id.	id.
	Chomel.	43º8	26	Puits à pompe	Robinet.
Sources tièdes de 20º à 30º	Lardy.	24º2	5	Jaillissement naturel	id.
	Mesdames (Buvette).	22º1	15	Canalisation	Vasque
	Lucas.	28º3	61	Puits à pompe	Robinet
	Prunelle.	22º8	65	id.	id.
	Parc.	20º1	470	id.	id.
Sources froides de 12º à 20º	Ste-Marie (Cusset)	14º4	3	Jaillissement naturel	Vasque
	Mesdames (griffon).	16º3	4	id.	Robinet
	Mallat de St-Yorre	12º8	6	id.	Vasque
	Hauterive (Etat).	14º6	10	Canalisation	Robinet
	Larbaud St-Yorre	13º et 12º5	15 et 17	Jaillissement naturel	Vasque
	Elisabeth (Cusset)	16º5	19	id.	id.
	Hauterive (Ramin)	19º	48	id.	id.
	Source Dubois.	15º3	385	Puits à pompe	Robinet
	Anciens Célestins nº 1.	15º3	454	id.	id.
	Anciens Célestins nº 2.	15º3	2.420	id.	id.
	Nouveaux Célestins nº 2.	15º6	3.200	id.	id.

CAUSES D'IMPURETÉ DES EAUX A LA SOURCE. MOYENS PROPOSÉS POUR LES DIMINUER

Si l'on considère attentivement le tableau précédent, on voit que les causes d'impureté de l'eau à sa Source sont moins complexes qu'on le suppose.

Au griffon, nous nommerons ainsi le point le plus rapproché de l'émergence, il y en a deux : la vasque et le système d'aspiration.

La vasque favorise par sa surface l'introduction des germes, soit par l'air, soit par les moyens qu'emploient les donneuses d'eau pour remplir le verre.

Quel que soit le mode de réception de la Source, l'action de l'air est inévitable ; mais ainsi que nous l'avons vérifié, elle s'exerce proportionnellement aux diamètres des vasques.

Si donc on veut augmenter la pureté de l'eau à la Source, il faut à tout prix diminuer sa surface d'absorption, c'est-à-dire réduire au minimum le diamètre de la vasque ; la suppression de ces réservoirs serait infiniment plus pratique. Ne pourrait-on établir autour de l'extrémité renflée du tube ascensionnel des ajutages à robinet ; on éviterait ainsi la chute des poussières tout en diminuant l'ensemencement régulier par l'air et la contamination forcée de l'eau de la vasque par celle du trop-plein transportée dans l'action de la puisée.

Le système des robinets auxquels se ferait le remplissage du verre, supprimerait la pratique défectueuse de la puisée actuelle, en même temps qu'elle faciliterait la tâche du personnel.

La deuxième cause d'infection est inhérente à un mode d'aspiration qu'il ne nous appartient pas de chercher à modifier. Pour se rendre compte des inconvénients que présentent les puits à pompe, il suffit de jeter les yeux sur les résultats fournis par l'énumération des eaux qui en proviennent. La pompe, par le fait de son fonctionnement, aspire sans cesse l'air extérieur plus ou moins chargé de germes. Ceux-ci sont entraînés en partie pendant la manœuvre, mais pendant le repos les germes tapissant les tuyaux humides ont tout le temps nécessaire de se développer et de proliférer. Nous n'hésitons pas à dire que la plupart de ses eaux sont impropres à la consommation, celles des Célestins surtout auxquelles vient s'ajouter un défaut de captage qui permet encore les infiltrations de l'Allier avoisinant leurs Sources.

En prenant comme types les Sources les plus pures des trois catégories, nous admettrons trois degrés de pureté à l'émergence, en tenant compte bien entendu, de l'ensemencement inévitable par l'air atmosphérique.

1º *Pureté absolue*, lorsque le nombre de colonies ne dépassera pas 10 par c. c.

2º *Très pures*, de 10 à 20 colonies par c. c.

3° *Pures,* de 20 à 30 colonies par c. c.

Nous ajouterons, pour la consommotion sur place, des limites de tolérance :

50 colonies par c. c. pour les eaux jaillissant naturellement à la surface du sol.

100 colonies par c. c. pour les eaux provenant de puits à pompe.

CONSOMMATION SUR PLACE.

CONSIDÉRATIONS PRATIQUES sur L'USAGE du VERRE

Dans les Sources dont le jaillissement se fait par un robinet, comme à Lardy, les Célestins, Lucas, Prunelle, Dubois, le Parc, la donneuse d'eau remplit le verre au robinet, mais dans les deux premières, elle le lave avant le remplissage à des robinets d'eau douce dont la teneur en bactéries est toujours considérable. Le rinçage imparfait à l'eau minérale ne le débarrasse pas complètement de l'eau de lavage et il s'en suit une altération de l'eau minérale d'autant plus grande que le rinçage a été moins prolongé.

Dans les Sources dont le jaillissement se fait dans une vasque, comme la Grande-Grille, l'Hôpital, Mesdames, la donneuse d'eau lave le verre dans l'eau du trop-plein, moins riche en bactéries que les eaux douces, mais très impures encore. Le rinçage est aussi imparfait que dans les Sources à robinet et le buveur, au lieu d'avoir l'eau dans toute sa pureté, boit une eau contaminée par celle du trop-plein.

Pour parer à ces inconvénients, il est indispensable de pratiquer le lavage et le rinçage du verre à l'eau pure du robinet ou de la vasque, à l'exclusion de celle du trop-plein et des eaux douces.

La tablette de bois à claire-voie sur laquelle le consommateur dépose son verre après avoir bu, ou la tablette à molleton sur laquelle la donneuse d'eau égoutte le verre qu'elle vient de laver, sont encore des sources de contamination qu'il est facile de supprimer. Il suffirait de remplacer ce support difficile à nettoyer par une table en étain fin de même dimension. Ce métal est facile à essuyer et à entretenir et une légère inclinaison de sa surface favoriserait l'écoulement de l'eau qui, arrêtée par un rebord, filerait par des trous à l'égoût.

Le verre, dont le consommateur fait usage à la Source, est, par sa nature même, très difficile à tenir propre et ne se prête pas du tout aux opérations les plus simples de stérilisation. Le verre banal présente des dangers sur lesquels nous ne croyons pas devoir insister. Le verre particulier, par son emploi restreint, son exposition ou son transport à la poussière, se charge de germes que le rinçage à la Source n'arrive pas à faire disparaître.

Parmi ces germes qui voltigent dans l'atmosphère, la plupart sont d'une inocuité parfaite, mais il y en a d'infectieux, tels que le bacille de Koch et celui d'Eberth, pour ne citer que les plus connus, qui ont besoin pour leur développement d'un milieu alcalin. Les absorber dans un milieu aussi favorable est, pour le buveur, augmenter la puissance de sa réceptivité aux bacilles infectieux.

La stérilisation des verres s'impose donc et comme les conditions de résistance sont mieux remplies par la porcelaine que par le verre, nous conseillons l'usage de la tasse.

Le récipient, quel qu'il soit, sera mis à tremper quelques minutes dans l'eau bouillante, et après l'avoir essuyé avec un linge propre, on le flambera légèrement à l'intérieur. Cette dernière opération pourrait être exécutée à la Source même.

Si l'opération ne se fait pas à la Source, il est bon d'enfermer le verre ou la tasse dans un étui plein, en cuir ou en métal, et d'éviter l'usage du filet qui n'offre aucune protection.

Dans tous nos essais bactériologiques, nous avons pu remarquer que les germes tombent très rapidement au fond de l'eau, Aussi, avant de boire, faut-il tenir une ou deux minutes le verre à la main, afin de permettre aux germes de gagner la partie inférieure du récipient, et doit-on éviter de boire le fond du verre.

Ce sont là des recommandations, banales peut-être, mais qui ont une certaine utilité au point de vue de la pureté des eaux consommées à la Source.

VICHY CHEZ SOI. — CHOIX DE L'EAU MINÉRALE.
PRÉCAUTIONS A PRENDRE POUR SA CONSOMMATION

Les numérations faites sur les eaux embouteillées nous laissent peu d'espoir de conserver à l'eau de Vichy la pureté qu'elle offre à la Source sans modifier sa composition.

Le dilemme qui se pose est le suivant: ou embouteiller l'eau telle qu'elle sort de la Source, c'est-à-dire avec les germes existant dans la vasque ou au robinet d'embouteillage, et dans ce cas la progression est fatale quel que soit l'état de propreté du récipient; ou chauffer l'eau à une température suffisante pour tuer les germes qu'elle contient normalement, et alors, outre sa décomposition à craindre, il n'y a pas de récipients fermés capables de résister à la pression intérieure.

Il faut donc se résoudre à faire usage, pour la consommation loin des Sources, des eaux paraissant le moins sujettes à s'altérer profondément.

Or, la conservation des eaux minérales de Vichy est, nous l'avons constaté, inversement proportionnelle à la température qu'elles ont à l'émergence. On est porté à admettre que les eaux chaudes renferment une substance organique mal définie qui aiderait au développement des micro-organismes.

La prolifération moindre des germes dans les eaux froides est-elle dûe à la présence d'un excès d'acide carbonique? Nous ne le pensons pas, car ce gaz, malgré le pouvoir aseptique qu'on lui attribue, ne s'oppose pas au développement des germes dans les eaux douces. Peut-être retarde-t-il la multiplication de certaines espèces, c'est là un point que nous étudierons dans un autre travail et que le temps ne nous a pas permis d'éclairer.

Les eaux froides sont donc les seules qui, après un temps plus ou moins long d'embouteillage, présentent quelques garanties de pureté relative.

Cette opinion est d'accord avec la pratique qui ne reconnaît pas aux eaux chaudes consommées loin de la Source les vertus curatives qu'elles possèdent au griffon.

Les Sources froides de Mesdames, Cusset, Saint-Yorre et Hauterive sont merveilleuses de pureté, et les numérations pratiquées sur les eaux embouteillées nous ont toujours donné des chiffres cinquante fois moindres que celles faites sur les eaux chaudes dans les mêmes conditions.

Nous avons pu remarquer que l'eau de Vichy exposée à l'air se décompose facilement. Outre les bicarbonates terreux dont la précipitation commence aussitôt après la sortie de l'eau du griffon, et qui est complète douze heures environ après le remplissage des bouteilles, les bicarbonates alcalins eux-mêmes se décomposent peu à peu. Si l'on ajoute, en effet, dans un verre d'eau de Vichy exposé au contact de l'air, quelques gouttes de solution de phtaléïne du phénol, on ne tarde pas à voir une coloration rose se manifester et devenir intense après 48 heures. Cette réaction indique, d'une façon irréfutable, la transformation lente, qui s'accomplit au contact de l'air, des bicarbonates en carbonates neutres.

Cette décomposition a une application dans la pratique, car souvent on reste trois à quatre jours pour boire une bouteille d'eau de Vichy et on comprend que l'action curative diminue et que l'eau devienne altérante ou purgative.

Pour éviter cette décomposition partielle, l'eau de Vichy sera expédiée dans des bouteilles de 500^{cc} ou mieux de 250^{cc} à l'exclusion du litre, presque uniquement employé aujourd'hui ; nous recommanderons au consommateur de faire suivre le transport d'un repos de quelques jours dans un endroit frais, d'éviter de secouer la bouteille en la débouchant, et surtout de ne pas boire le fond des récipients.

EMBOUTEILLAGE DES EAUX MINÉRALES

STÉRILISATION DES RÉCIPIENTS

Monsieur le Dr Poncet, dans son mémoire sur *les Microbes de l'eau de Vichy*, s'élève avec force contre l'état de malpropreté des récipients, lequel, nous l'avons constaté par expérience, est une des causes efficientes de la profonde altération de l'eau embouteillée. Sous ce rapport, nous pensons avec lui qu'il est urgent de s'occuper des moyens propres à la diminuer, sous peine de discréditer pour toujours la valeur thérapeutique de nos eaux minérales les plus justement renommées.

Mais lorsque le même auteur formule ce principe, comme la conclusion de son travail : « La cause de l'impureté de l'eau en bouteilles est l'état microbien du récipient. Cet état doit disparaître », nous trouvons qu'il va un peu loin dans le champ de ses hypothèses, et que les moyens de stérilisation qu'il propose ne sont pas en rapport avec les résultats qu'on doit en attendre.

Monsieur le Dr Poncet paraît admettre, sans qu'aucune expérience ne vienne, du reste, appuyer son affirmation, que l'eau embouteillée dans des récipients stériles se conservera indéfiniment sans offrir cette progression de germes qu'il a lui-même constatée dans les bouteilles ordinaires, et qui hélas, est cent fois plus forte que celle qu'il accuse dans ses résultats.

L'auteur oublie sans doute que si la stérilisation des récipients est réellement efficace pour conserver des liquides eux-mêmes stériles, il n'en est plus de même avec des liquides déjà ensemencés au moment de l'embouteillage.

Il était évident, a priori, que le cas de réceptivité dans lequel l'eau de Vichy se trouve placée par sa composition même, ne pouvait que tendre au développement des germes qu'elle contient déjà à l'émergence.

Dans ces conditions, la stérilisation ne peut avoir d'autre effet que de retarder, sans toutefois l'enrayer complètement, la poussée rapide de leur prolifération.

Le mode d'embouteillage actuel est des plus défectueux et il est du devoir des Compagnies, auxquelles est confié l'exportation de nos eaux minérales, d'étudier les moyens de combattre le mieux possible leur altération par le transport et les bouteilles ; mais exiger d'elles que les eaux conservent après l'embouteillage la pureté qu'elles ont à la Source est une utopie qu'il nous appartenait de signaler.

Le chiffre de 20 colonies par c. c. admis par M. le Dr Poncet comme limite de tolérance des microbes dans les bouteilles est inadmissible, étant donné que l'auteur en tolère seulement 10 à la Source.

Que devient donc la raison géométrique de la progression microbienne mise en lumière par les travaux de Miquel ?

Elevons donc cette limite proposée par M. le Dr Poncet à 500 colonies par c. c. et contentons-nous d'espérer que ce chiffre ne sera jamais dépassé dans la pratique.

MOYENS PROPOSÉS POUR EFFECTUER LA MISE EN BOUTEILLES

Théoriquement, les meilleures conditions qu'une bouteille doit remplir, pour recevoir de l'eau minérale, se résument dans l'absence totale de germes étrangers à ceux que l'on trouve normalement dans l'eau qui s'écoule du robinet d'embouteillage.

Nous ne pensons pas qu'il soit besoin, pour atteindre ce but, de réclamer la stérilisation des bouteilles qui, du reste, offre dans la pratique les difficultés les plus grandes.

La première recommandation à faire aux Compagnies, nous pourrions dire la première obligation à laquelle il est urgent qu'elles se soumettent, est de procéder au nettoyage des récipients au lieu même où se fait l'embouteillage.

Le lavage, pour être complet, devra comporter les trois opérations suivantes :

1º Les bouteilles, mises à tremper dans un réservoir d'eau ordinaire, seront lavées à l'eau douce acidulée d'acide chlorhydrique, afin de détacher ou de dissocier les dépôts, s'il en existe à la surface des parois internes.

2º Un lavage répété à l'eau douce afin d'enlever toute trace d'acidité.

3º Un rinçage prolongé à l'eau minérale pure pratiqué aussitôt après, de façon à entraîner toute trace d'eau douce. Ce résultat peut être facilement atteint en renversant les bouteilles encore humides sur des robinets automatiques d'eau minérale, ou en rinçant directement au robinet de la Source.

Ces opérations précèderont immédiatement le remplissage des bouteilles et on prendra soin, dans la pratique de ces opérations, de fermer complètement le local où se fait l'embouteillage.

STÉRILISATION DES BOUCHONS

Le mandrin de bois et les bouchons, tels qu'on les emploie actuellement, sont des sources certaines d'infection ; le premier constitue un véritable ensemencement des germes et poussières de l'atmosphère du lieu d'embouteillage ; les seconds, ayant macéré 24 heures dans de l'eau ordinaire, sont bondés de micro-organismes de toute nature.

Le mandrin, s'il est indispensable, doit être en bois recouvert de porcelaine, ce qui rendra sa stérilisation plus facile en l'immergeant de temps à autre dans l'eau bouillante.

Les bouchons seront stérilisés à la vapeur d'eau à 100º et conservés, pour leur emploi, dans de l'eau bouillie.

CACHETAGE A LA CIRE

Afin d'empêcher la déperdition de l'acide carbonique, le remplissage sera fait au point le plus rapproché de l'émergence et, aussitôt le bouchage opéré au liège fin, on cachètera à la cire après avoir eu soin d'essuyer et de flamber le goulot, pour augmenter l'adhérence de la cire et détruire les germes apportés par les manipulations diverses. Un cachet au millésime de l'année de remplissage indiquera le nom de la Source et l'époque de l'embouteillage.

TRAVAUX ANTÉRIEURS

La méthode d'ensemencement en surface dans les boîtes de Pétri ou les godets de Rietsch, telle que nous l'avons appliquée pour la bactériologie des eaux minérales du bassin de Vichy, n'est certes pas exempte de critique. Malgré les précautions prises pour éviter tout contact de l'air, les poussières atmosphériques interviennent toujours dans la pratique de ces opérations et sont des causes d'erreur dans les numérations. Assurément, les résultats que nous avons consignés dans ce travail n'offrent rien d'absolu, mais ils suffisent pour déterminer d'une façon assez exacte la pureté relative des eaux et mettre en relief les causes de contamination probables.

Dans les boîtes de Pétri qui présentent une grande surface, les colonies sont suffisamment isolées pour étudier nettement leurs formes et pénétrer leur intérieur, sans crainte d'atteindre la colonie voisine.

Avec les eaux pures, où il y a très peu de germes, l'isolement est complet lorsqu'on a pris soin de bien mélanger l'eau à la gélatine peptonisée avant son transport dans la chambre humide.

Sans faire ici une étude critique du procédé employé par M. le Dr Poncet pour numérer les germes de la Grande-Grille et de l'Hôpital, il est permis de s'étonner des difficultés qu'il présente au point de vue de l'observation.

Laisser tomber une goutte d'eau dans un tube de culture renfermant de la gélatine non liquéfiée, ou même l'incorporer à la gélatine fondue sans développer la surface du milieu de culture, nous paraissent des moyens peu commodes pour faire d'abord la numération des germes, leur examen ensuite, et enfin, la sélection de celui ou ceux dont on veut poursuivre la culture.

De là, sans doute, ces confusions qui obligent à classer dans une même colonie, des microcoques, bacilles, diplocoques, etc.

Il nous paraît également difficile, dans ces conditions, d'attribuer à une espèce distincte des propriétés thérapeutiques ou infectieuses. De plus, la démonstration de l'inocuité d'un bacille par une inoculation pratiquée sur un sujet isolé, ne peut donner au point de vue des conclusions aucun résultat sérieux.

M. le Dr Frémont, dans son travail *Des bactéries contenues dans les Eaux de Vichy et de leurs fonctions*, paru en 1888, reconnaît deux espèces de colonies : les unes fluidifiant la gélatine, composées de micrococoques ; les autres ne la fluidifiant pas, composées de bacilles.

Dans la plupart des eaux minérales embouteillées, nous avons trouvé ces deux espèces ; mais contrairement à l'avis de M. Frémont, tous les microcoques et diplocoques donnent des cultures sèches et toutes les colonies fluidifiantes sont formées de bacilles.

Au point de vue thérapeutique, l'auteur prétend que ces bactéries jouent un rôle considérable dans le travail de la digestion et que, sous leur action, les aliments albuminoïdes sont dissous et liquéfiés. Nous n'avons pas vérifié cette affirmation et nous ne la discuterons pas ; mais si cette propriété des bactéries est reconnue, nous ne saurions trop recommander aux amateurs de cette théorie l'usage de l'eau de l'Hôpital, après quelques jours d'embouteillage (10,260 colonies par c. c.)

M. Chantemesse, ajoute l'auteur, a trouvé un bacille en puisant au griffon du puits Chomel, et il en conclut à l'existence des bactéries dans les eaux, sans intervention possible de l'air extérieur.

Or, nous avons trouvé que les espèces existant au griffon de l'eau de la Grande-Grille préexistaient dans l'atmosphère de la galerie des Sources et nous les avons obtenues en culture sur un milieu solide, en ouvrant, à l'extrémité orientale de la galerie, des godets renfermant un bouillon stérilisé composé simplement d'eau de la Grande-Grille et de gélatine.

Cette constatation permet, nous le pensons, d'affirmer que l'air extérieur est la seule cause de la présence des germes aux griffons des Sources les mieux isolées.

CONCLUSIONS

L'impureté des eaux à la Source tient à deux causes principales :

1° Le mode de captage ;

2° Le mode de réception.

Un captage imparfait favorise les infiltrations d'eaux douces, provenant soit de l'Allier, comme aux Célestins et à la Source du Parc ; soit de puits particuliers, comme à la Source Dubois.

Les eaux minérales jaillissant naturellement à la surface du sol sont pures ; celles des puits à pompe ne peuvent l'être.

Afin d'augmenter la pureté des Sources jaillissantes, il est nécessaire de réduire autant que possible la surface de la vasque. C'est par elle que se fait naturellement l'ensemencement de l'eau par l'air atmosphérique, et accidentellement par le verre malpropre qu'on y plonge.

L'impureté de l'eau distribuée aux buveurs tient à l'état microbien du verre. On la diminuera en évitant de laver ces récipients à l'eau douce ou à l'eau du trop-plein, riches en bactéries. On devra se servir exclusivement, pour le lavage et le rinçage, d'eau minérale prise au griffon.

Le remplacement de la vasque actuelle par des robinets disposés autour de l'orifice élargi du tube ascensionnel de la Source, faciliterait beaucoup cette opération et l'eau du griffon y gagnerait en pureté.

L'impureté de l'eau de Vichy dans les bouteilles est due au milieu favorable, qu'elle constitue normalement, pour le développement des germes qu'elle renferme à sa Source ou au robinet d'embouteillage. La richesse bactérienne de l'eau embouteillée augmente avec l'état microbien du récipient.

Il est de toute nécessité d'obliger la Compagnie fermière à laver ses récipients au lieu même où se fait le remplissage des bouteilles.

La stérilisation étant impuissante à combattre la prolifération des germes, il suffira d'exiger que les bouteilles soient lavées et rincées à l'eau minérale avant leur remplissage. Le mandrin de bois sera supprimé ; les bouchons seront stérilisés à l'eau bouillante.

Loin des Sources, la consommation des eaux froides est la seule rationnelle, car dans les bouteilles, la progression des germes n'atteint jamais les chiffres élevés que l'on constate dans les eaux chaudes et tièdes. Les plus pures sont celles de Mesdames, Cusset, Saint-Yorre, Hauterive. Les eaux des Célestins et du puits du Parc sont impropres à la consommation en tant qu'eaux minérales naturelles pures.

Ces conclusions s'accordent pour la plupart avec celles que la pratique médicale a depuis longtemps formulées.

De nouveaux essais bactériologiques, une connaissance plus profonde de la nature des micro-organismes et du rôle qu'ils jouent dans l'économie, pourront seuls donner à des vérités empiriques la base scientifique qui leur manque pour être définitivement consacrées.

ERRATA

Page 1, ligne 14, *au lieu de :* obligé, *lisez :* obligés.
— 10, — 15, — 11cc, — 15cc.
— 10, — 34, — filtré, — à filtrer.
— 11, — 33, — 572000, — 672000.
— 14, — 23. — si le développement des, *lisez :* si les.
— 15, — 21, — (Beggiatoa), *lisez :* (oscillaires très voi-
sines des Beggiatoa).
— 21, — 17, — 75 minutes, *lisez :* 15 minutes.
— 24, — 18, — Petri, — Pétri.
— 34, — 36, — filtré, — à filtrer.
— 35, — 13, — 17 juillet, — 17 juin.
— 36, — 9, — masse, — nappe.
— 36, — 30, — vidée, — vidées.
— 39, — 3, — masse, — nappe.
— 40, — 18, — évasive, — érosive.
— 46, — 19, — éxactement, — exactement.
— 46, — 20, — étant 19°5, — étant de 19°5.
— 47, — 15, — griffen, — griffon.
— 61, — 6, — t'Hôpital, — l'Hôpital.
— 61, — 15, — *Considération,* — *Considérations.*
— 63, — 12, — tranparence, — transparence.
— 65, — 33, — n° 4, — n° 3.
— 66, — 8, — n° 4, — n° 3.
— 66, — 10, — donnée, — donné.
— 70, — 25, — l'énumération, — les numérations.
— 70, — 30, — ses, — ces.
— 71, — 2, — consommotion, — consommation.
— 71, — 22, — très impures, — très impure.

Table des Matières

Préface.. I
Introduction.. 1
Technique générale... 3
Puisement et culture.. 5
Numération... 6
Marche des opérations.. 7
Sources chaudes... 8
Grande-Grille.. 8
    —   Interprétation des résultats.................... 12
Hôpital... 14
Puits Chomel... 19
Considérations pratiques sur les Sources Thermales de Vichy..... 20
Sources tièdes... 21
Puits Lucas.. 21
Source du Parc.. 21
Source Lardy... 23
Source Prunelle.. 25
Considérations pratiques sur les sources tièdes de Vichy.......... 26
Sources froides.. 27
Sources des Célestins... 27
    —   Anciens Célestins n° 1..................... 27
    —   Anciens Célestins n° 2..................... 28
    —   Nouveaux Célestins n° 2................... 29
Considérations sur l'eau des Célestins.. 30
Source Dubois.. 31
Considérations sur l'eau de la Source Dubois................................. 33
Sources de Saint-Yorre... 33
Sources Larbaud-Saint-Yorre.. 34
    —   Source ancienne (intermittente).... 34
    —   Nouvelle source n° 2.............. 35
Sources Mallat de Saint-Yorre... 35
Considérations sur les eaux de Saint-Yorre................................... 37
Sources d'Hauterive.. 39
Source de l'Etat.. 40
Source Ramin... 41
Considérations sur les eaux d'Hauterive...................................... 42
Source de Mesdames... 43
Considérations sur l'Eau de Mesdames... 47
Sources de Cusset... 48
Source Elisabeth... 48
Source Sainte-Marie... 49
Considérations sur les eaux de Cusset.. 49
Etude sur la progression des Colonies dans les Eaux minérales
   de Vichy et de Saint-Yorre embouteillées.............. 50
Progression des germes dans l'eau de la Grande-Grille.......... 52
    —   de l'Hôpital.............. 54
    —   dans les eaux froides de Saint-Yorre...... 55

Discussion des résultats...................................... 57
Eaux douçes de Vichy... 58
Numérations faites dans l'eau de l'Allier....................... 59
Eau de source.. 60
Eaux des puits... 60
Considérations sur les eaux douces........................... 61
Description des Colonies observées et morphologie des élé-
    ments qu'elles renferment................................ 62
   —   Grande-Grille................................... 63
   —   Hôpital... 65
Considérations sur le développement et le genre des colonies trou-
    vées dans les eaux minérales du bassin de Vichy 67
Colonies de l'Allier 67
Classification des Eaux minérales de Vichy par ordre de pureté
    microbienne 68
Tableau résumant la température, la teneur microbienne, le procédé
    de captage et le mode de réception des Sources minérales de
    Vichy, Saint-Yorre, Hauterive et Cusset.................... 69
Causes d'impureté des eaux a la source. Moyens proposés pour
    les diminuer.. 69
Consommation sur place. Considérations pratiques sur l'usage
    du verre... 71
Vichy chez soi. Choix de l'eau minérale. Précautions a prendre
    pour sa consommation.................................... 72
Embouteillage des eaux minérales............................ 74
   —   Stérilisation des récipients.................... 74
   —   Moyens proposés pour effectuer la mise en bouteilles. 75
   —   Stérilisation des bouchons.................... 76
   —   Cachetage à la cire 76
Travaux antérieurs.. 77
Conclusions... 79
Errata.. 81
Table des Matières 83

www.ingramcontent.com/pod-product-compliance
Lightning Source LLC
Chambersburg PA
CBHW030927220326
41521CB00039B/1164